U0305701

我们探索的不仅仅是太阳系，更是人类的内心。

『解码浩瀚星际』

灵犀
LinkseeR

宇航员的终结

THE END OF ASTRONAUTS

Why Robots Are the Future of Exploration

谁将飞往无人星际

〔美〕唐纳德·戈德史密斯
(Donald Goldsmith)

〔英〕马丁·里斯
(Martin Rees) 著

宁理 ——————— 译

苟利军 ——————— 审读

中国出版集团

中译出版社

THE END OF ASTRONAUTS: Why Robots Are the Future of Exploration

by Donald Goldsmith and Martin Rees

Copyright © 2022 by Donald Goldsmith and Martin Rees

Published by arrangement with Harvard University Press through Bardon-Chinese Media Agency

Simplified Chinese translation copyright © 2024 by China Translation and Publishing House

ALL RIGHTS RESERVED

著作权合同登记号：图字 01-2024-1014 号

图书在版编目（CIP）数据

宇航员的终结 ：谁将飞往无人星际 ／（美）唐纳德·戈德史密斯（Donald Goldsmith)，（英）马丁·里斯（Martin Rees）著 ；宁理译. -- 北京 ：中译出版社，2024. 8. -- ISBN 978-7-5001-8028-9

Ⅰ. V527-49

中国国家版本馆CIP数据核字第20241LP417号

宇航员的终结：谁将飞往无人星际
YUHANGYUAN DE ZHONGJIE: SHEI JIANG FEIWANG WUREN XINGJI

出版发行	中译出版社
地　　址	北京市西城区新街口外大街 28 号普天德胜大厦主楼 4 层
电　　话	(010) 68359373,68359827（发行部）68357328（编辑部）
邮　　编	100088
电子邮箱	book@ctph.com.cn
网　　址	http://www.ctph.com.cn

出 版 人	乔卫兵
总 策 划	刘永淳
策划编辑	赵　青　马雨晨
责任编辑	张　旭
文字编辑	赵　青　马雨晨　朱安琪
封面设计	黄　浩

排　　版	北京竹页文化传媒有限公司
印　　刷	北京中科印刷有限公司
经　　销	新华书店

规　　格	880 毫米 ×1230 毫米　1/32
印　　张	8
字　　数	151 千字
版　　次	2024 年 8 月第 1 版
印　　次	2024 年 8 月第 1 次印刷

ISBN 978-7-5001-8028-9　定价：69.80 元

解码浩瀚星际

　　无论是在古希腊神话还是中国神话传说中，天空、星辰都是"拟人"的存在。光明之神阿波罗、爱与美之神阿佛洛狄忒、太白金星等，他们无论多么神通广大、法力无边，也都是一个个被放大了能力的"人"，所以探索太空、征服宇宙似乎就应该由那些和他们容貌相似的近亲——人类去完成。真的是这样吗？唐纳德·戈德史密斯（Donald Goldsmith）和马丁·里斯（Martin Rees）在《宇航员的终结：谁将飞往无人星际》（*THE END OF ASTRONAUTS: Why Robots Are the Future of Exploration*）一书中通过不同的角度和维度阐述了他们的观点，同时为我们提出了一个极具开放性的话题，供每个感兴趣的人来探讨。

　　电影《流浪地球 2》上映后得到了许多人的喜爱，作为"数字生命研究所所长马兆"扮演者的我也幸运地为马兆收获着尊重和爱。就是在这样的情况下，中译出版社邀请我为尼尔·德格拉斯·泰森（Neil deGrasse Tyson）先生的《星际信使：宇宙视角下的人类文明》（*STARRY MESSENGER: Cosmic Perspectives on Civilization*）中文版写推荐语。在读完该书后，我为作者在书中通过宏大的宇宙观来解析地球上的困惑和纷争感到震惊和痴迷，于是欣然同意了推荐。之后，我又应邀和尼尔·德格拉斯·泰森先生、中译出版社总编辑刘永淳先生以及中国科学院国家天文台研究员苟利军先生就该书的内容进行了一次连麦。几次接触后，我也逐渐和中译出版社历史传记部（灵犀 LinkseeR）的编辑老师们熟络起来，发现我们都是热衷于阅读的一群人。

由于比较"社恐"，除了工作之外，我会选择一些不需要太多人参与的活动，比如阅读、徒步、皮划艇运动，以及看影视剧、纪录片等，在这些微不足道的事情中我会找到属于自己的自由和坦然。当然，有时在阅读外版书时，为了加深对作者意思的理解，我会有选择地把一些片段翻译成中文。当得知我的这个爱好后，编辑老师提出了一个大胆的邀约：请我翻译这本由唐纳德·戈德史密斯和马丁·里斯合著的《宇航员的终结：谁将飞往无人星际》。我至今仍不敢相信，中译出版社会如此信任我的能力：这是一部很难用"科普"两个字概括的书籍，它涵盖了太空科学、宇宙伦理和太空法等多个领域，而我终究不是那个"科学家马兆"。

令我更不敢相信的是，我居然大胆地应承了下来。有时我会停下来思考，促使我答应这个邀约的原因除了"无知者无畏"，是否还有别的什么？答案可能是对这本书的痴迷，它解答了我内心诸多的疑问。《流浪地球2》里，马兆在临终前对学生图恒宇说的最后一句话是："没有人类的文明，毫无意义。"这句话仿佛是在告诉每个人他对人类文明的看法。

　　那么人类文明究竟意味着什么、涵盖了什么？它和这个以人的躯体具象化的"人类"的关系又是什么呢？带着这些疑问，我踏上了这场并不平坦但无比刺激的寻知之旅。

　　翻译其实和表演很像，它们都是一个"解码"的过程：一个是将信息通过受众熟悉的语言文字传递给他们，一个是将抽象的文字通过情绪和情感同观众的心灵产生共鸣。记得以前我读过一本书，作者的一句话令我印象很深，他的大概意思是："……我的一生都在尝试用几乎每个人都能理解的方式去解释我认为的真相。"其实，"解码"的过程不就是尝试呈现出"几乎每个人都能懂"的样子吗？创作一个角色的时候，我首先了解的是编剧和作者的意图，以及他们要传递的信息和角色的作用等，然后通过观察和想象来创作让观众认为是他们熟悉的"真实"的人，只有这样，观众才能心无旁骛地感受那个"假定的真实"。

　　"一千个读者眼中有一千个哈姆雷特"，每个演员会根据受众的文化背景、欣赏习惯等去诠释莎士比亚的创作初衷。为了让观众理解和感受那句流传数百年的经典台词——"生存，还是毁灭……"，表演者就是舞台上的"译者"。

在翻译这本书的过程中，我也曾无数次地纠结，究竟应该逐字逐句地"忠实"原著，还是应该用我们熟悉的语言和习惯去表达作者的初衷。所以在整个翻译过程中，我无时无刻不在重新认识那些翻译家并感慨于他们的伟大：朱生豪、钱钟书、许渊冲、童道明、罗念生……他们不仅是把一种语言翻译成另一种语言，同样也是真正懂得人生和人性的大师。透过这些翻译大师的字斟句酌，我们有幸能一览原作者给我们展现的"真相"。

因此，作为一个业余的翻译爱好者，在向读者展示戈德史密斯先生和里斯先生"所认为的真相"时，我无时无刻不心存敬畏，谨希望能够在忠实原著的基础上做到让"几乎每个人都理解"。

在这段特别的旅程中，我得到了中译出版社编辑老师的巨大鼓励和支持。我在戏剧学院读书时，曾听老师在课堂上直言："戏剧是创造者和观众在黑暗中共同完成的一场仪式。"在这里，我也希望通过我粗糙的翻译，能给本书的作者和亲爱的读者架起沟通的桥梁，让你们"在太空中共同完成一场仪式"，获得一次穿越无人星际和浩瀚心灵的神奇体验。

宁理　演员

2024 年 6 月

从烟花到航天

宇航员们都是英雄！

他们在失重的环境中完成技术、工程和科学的壮举，即使他们必须遭受恶心、定向障碍等困扰，以及失重给健康带来的潜在的永久性伤害。由于来自太阳和宇宙高能粒子的辐射，他们面临罹患癌症和遭受其他身体损伤的风险。他们在宇宙飞船里工作，需要仰仗复杂的宇航服和头盔来保障他们的身体不至于爆裂。他们成功挽救了濒于损坏的哈勃空间望远镜（Hubble Space Telescope，简称 HST），并通过 5 次不同的任务升级它的仪器，使其使用寿命延长数十年。[1]

本书作者属于能清晰记得 1969 年至 1972 年"阿波罗号"

登月任务（Apollo Lunar Landings）①的那代人，每当我们看到月球就很难不会想到尼尔·阿姆斯特朗（Neil Armstrong）和巴兹·奥尔德林（Buzz Aldrin）。他们当时所使用的初级计算机和未经测试的设备，使他们的壮举更具英雄色彩。这同时提醒我们，人类进入太空已近 60 年了。进入太空并成功返回地球并不是出于必需性，而是为满足我们发自内心的渴求。

　　未来几十年，我们的这种渴求，以及将宇航员送到地球轨道、月球、火星的需要将继续得到检验。在人类开始这些旅程之前，机器人已经完成了对这些地区的探索，并在测试发射和着陆系统之后，考察了这些遥远的地形。没有人会怀疑，我们不断改进的机器能够比人类更加高效、经济和安全地在外太空工作。然而它们能具备等同于人类的探索能力吗？这个疑问是否忽略了一个更关键的问题：如果不亲自造访我们的太空近邻，我们该如何保持公众的兴趣和热情，同时履行我们人类的使命呢？

　　这些问题都没有显而易见的答案，因为我们既会遵循情感做出反应，也会听从逻辑的指引。本书描述了人类和机器人目前以及未来的太空考察计划，并提出了一个新的论点：至少在未来几十年中，在近地轨道外，仅使用机器人和制造机即可探索太空，旨在节约公共资金，避免牺牲生命，同时尽可能保护月

---

　　① 美国的"阿波罗计划"（Apollo Program）始于 1961 年 5 月，结束于 1972 年 12 月。其间，1969 年 7 月发射的"阿波罗 11 号"（Apollo 11）是人类第一次成功的登月任务，阿姆斯特朗和奥尔德林成为首次登上月球的人类。——编者注

球及火星不因我们的探索行为而遭受污染。本书同时探讨了赞同和反对人类进入太空的非技术性动机。无论读者是否认同我们所做的推断具有合理性，接下来的章节都将展示我们对太空探索的整体概览。

乘火箭飞向太空

早在将人类送入太空的一系列计划之前，我们已经出于战争或娱乐的目的，向空中发射物体了。与欧洲中世纪同期，中国宋朝的技术专家制造了火药火箭，将"九龙箭"和"群蜂箭"送入高空。随后，火药技术成为火箭的标配直至今日。生活于一个世纪前的古怪工程师和发明家罗伯特·戈达德（Robert Goddard），儿时深受赫伯特·乔治·威尔斯（Herbert George Wells）科幻小说的影响，之后又在俄罗斯师从火箭动力学家康斯坦丁·齐奥尔科夫斯基（Konstantin Tsiolkovsky）。他用了 20 年时间，连续创造和改进了几十枚液体燃料火箭，其中一些甚至飞到了比马萨诸塞州中部山峰还要高 1 英里 ① 多的半空中。戈达德还成功推出多级火箭，并发明了双轴制导系统，美国国家航空航天局（National Aeronautics and Space Administration，简称 NASA，也称

①1 英里约合 1.61 千米。——编者注

美国航天局）因此以他的名字命名其位于马里兰州的太空飞行中心。[2]

晚年，戈达德见证了美国付出的巨大努力——以他的研究为基础，使火箭从最开始的实验阶段进入大规模实际应用阶段。然而不幸的是，当时由阿道夫·希特勒（Adolf Hitler）主导的纳粹政府的实际应用目标是制造出能够使炸弹攻破任何防御系统的火箭。由沃纳·冯·布劳恩（Wernher von Braun）领导的科学团队为纳粹德国开发出了 V-1 导弹（V-1 missile）[①]，一种喷气式无人驾驶飞机，后又开发出著名的 V-2 导弹（Vergeltungswaffe-2）[②]，这是一种真正的火箭，它可以携带点燃液体燃料乙醇所需的氧气，这使得 V-2 导弹基本能跃升至大气层之上，并以数倍音速飞行。尽管 V-2 导弹的制导系统还很原始，使其经常偏离目标，但它的爆炸给英国人民带去了很多灾难性的打击。它们的速度之快，使其唯一的"警告"就是爆炸本身。（V-1 导弹又被称作"嗡嗡炸弹"，在人们能确定它会在哪里降落并爆炸前，会发出令人恐惧的声音。）

第二次世界大战结束之际，德国最杰出的火箭专家向盟军投降。他们尤其期望美国人会认为他们是有价值的，从而忽略他们在战争期间的行为。他们没有想错。冯·布劳恩在接受审

---

① 也称"V-1 飞弹""V-1 火箭弹"等，是世界上最早的巡航导弹。——编者注
② 也称"V-2 火箭"，是世界上最早投入实践的弹道导弹。——编者注

讯期间供述，他的灵感不仅来自纳粹自己的火箭专家赫尔曼·奥伯特（Hermann Oberth），同时也受到了罗伯特·戈达德的启发。他说："你不知道你们自己的火箭专家吗？戈达德博士领先于我们所有人。"[3]

"回形针行动"（Operation Paperclip）将包括冯·布劳恩在内的大约 1600 名纳粹科学家和工程师带回美国。出于科学目的，冯·布劳恩帮助发射了余下的 V-2 导弹。1950 年，他出任亚拉巴马州美国陆军红石兵工厂（US Army's Redstone Arsenal）火箭小组的负责人，该小组开发了用于军事目的的新型液体燃料火箭。

1957 年 10 月，苏联发射了地球上第一颗人造卫星"斯普特尼克号"（Sputnik），震惊了整个世界，尤其是自负的美国人。美国人突然意识到，他们的重要敌人在制造火箭方面已经处于领先地位，这些火箭不仅能将卫星送入轨道，还可以将核武器从一个大洲发射到另一个大洲。对于公众，尤其是华盛顿的政客们来说，美国迫切需要一些显著的太空探索成绩。美国政府意识到，将这项工作委托给一个由前纳粹领导的军用火箭开发团队可能会造成负面影响，于是，他们开始委托一家商业公司制造非军事用途的"前锋号"（Vanguard）火箭，这种火箭在尺寸和推力上都比军用火箭小得多。然而，1957 年 12 月，该公司的首次发射尝试以发射台爆炸告终。之后，冯·布劳恩的团队参与进来，他们将最初设计为军用武器的"丘辟特-C"（Jupiter-C）

导弹^①作为火箭的第一级，并于 8 周后发射了美国的首颗卫星^②。

在接下来的几十年里，冷战时期的两个超级大国——美国和苏联展开了一场巨大的军备竞赛，竞赛的核心是试图设计和制造更强大的火箭，主要目的是运载核武器，其次是为了运载改进型卫星和载人飞行器。火箭技术的进步使人类首次进入地球轨道——苏联宇航员尤里·加加林（Yuri Gagarin），于 1961 年 4 月首次进入地球轨道；随后在 1962 年 2 月，约翰·格伦（John Glenn）成为第一位进入地球轨道的美国宇航员。很快，苏联的其他"第一"也随之而来：第一位进入太空轨道的女性瓦莲京娜·捷列什科娃（Valentina Tereshkova）于 1963 年 6 月进行了 70 余小时的飞行；1965 年 3 月，阿列克谢·列昂诺夫（Alexei Leonov）英勇地完成了首次太空行走。所有这些壮举要归功于著名的苏联火箭创新者谢尔盖·科罗廖夫（Sergei Korolev），他的名字直到其去世才得以公之于众，在那之前他只是"一名杰出的设计者"。科罗廖夫后来设计的火箭多次发射失败，这阻碍了苏联的太空之行，使美国得以在 1969 年 7 月至 1972 年 12 月期间，以 6 次宇航员太空征程赢得了这场"登月竞赛"的胜利。

约翰·F. 肯尼迪（John F. Kennedy）于 1960 年赢得美国总统大选，部分原因是他宣称美国和苏联之间存在"导弹差距"（大

---

① 也称"丘诺 1 号运载火箭"，是一种轨道运载火箭。——编者注
② 指"探险者 1 号"（Explorer 1）。——编者注

选结束后，人们才知道所谓"差距"实际上仅是对未来数量的预测）。1962 年 9 月，肯尼迪呼吁美国宇航员在"我们必将获胜"的"登月竞赛"中拔得头筹。14 个月之后，一名刺客的子弹夺去了他的生命。无论如何，肯尼迪将人类送向月球的构想被他的继任者林登·约翰逊（Lyndon Johnson）全力继承了。他是载人航天的早期倡导者，并在 1958 年 NASA 的创建中发挥了关键作用。约翰逊的政策确保了 NASA 在得克萨斯的太空研究中心成为美国人航天计划的基地。在之后的数十载，各项计划围绕人类登月使命展开，并最终取得巨大成功。[4]

今天，位于休斯敦附近的美国约翰逊航天中心（Johnson Spaceflight Center），在推动人类航天飞行的努力中，仍然发挥着核心作用。然而自宇航员最后一次接触月球表面至今已有半个世纪这一事实证明，地缘政治阻碍了理性在这些努力中的作用。美国赢得"登月竞赛"后，宇航员探索计划就在巨额预算和边际收益两大礁石处搁浅了。比起去月球，前往火星的道路更是遥远且缺乏可行性，目前尚没有其他能够给我们惊人回报的目标。

取而代之的是，"太空竞赛"开始采取一种更冷静、更适合的形式。两个世界强国都向金星、火星、水星，以及太阳系的 4 颗巨大行星——木星、土星、天王星和海王星发射了自动探测器，这些都是在"阿波罗计划"把宇航员送到月球不久后的热忱中展开的，并获得了大量令人振奋的回馈：从水星起伏不平的地表，到有"火星大峡谷"之称的"水手号峡谷"（Valles Marineris）；从木卫一（Io）的硫黄火山，到土星最大的卫星土卫六（Titan）上富含乙烷的湖泊。回顾 20 世纪的最后 25 年，美国航天局、欧洲航天局（European Space Agency，简称 ESA，成立于 1975 年）和日本航天局（Japanese Aerospace Exploration Agency，简称 JAXA，也称日本宇宙航空研究开发机构，成立于 2003 年），相继开发了天才的、小型化的太空探测器，给人们留下了非常深刻的印象。开发这些机器人探测器的同时，以上 3 个机构还设计、制造和运营了大量自动化的太空天文台，为人类提供了一系列令人叹为观止的成果：从对宇宙最早期遗留下来的辐射的研究，到对渗透宇宙并压倒所有其他形式能量的"暗能量"的发现。这些杰出的成就一直延续到当下，并将继续在未来发展。

宇航员的未来：简要概览

本书第一章从理性和情感两方面着重讨论了公众对于将宇航员送入太空的接受程度，随后的五个章节概述了宇航员和机器人在宇宙环境的不同区域所面临的情况。在过去的半个世纪，宇航员的活动仅仅存在于近地轨道中。人类很可能继续在这个容易进入的区域内活动，尽管他们所做的大部分工作，比如在失重条件下制造专门的物品，都可以由机器人更有效地完成。太空旅行（根据其危险性，将其冠以"太空探险"之名可能更为恰当）可能是一项有利可图的产业，一项有钱人的娱乐，当然，在某种程度上也能鼓舞我们每一个人，但前提是保证风险性足够低。

在距地球表面几百英里以外的地方，在更为遥远数千倍的太空，月球在向那些想在其表面寻找太阳系形成线索的人们发出召唤，向那些希望在其表面开采宝贵资源的人们发出召唤，向那些计划建立长期居住地或计划以月球为基地进行更远距离旅行的人发出召唤，在那里获取可饮用的月球地下水，以及用于呼吸的氧气。与人类相比，自动化探索者可以更高效、更安全、更经济地完成前两项任务。第三个任务提出了一个问题：我们是否应该计划在地球之外建立永久定居点？这个问题将贯穿后面的章节，直至我们面对更为遥远的未来前景，即建立自由飘浮的定居点用以永久安置数以百万甚至更多的人类。

在显而易见的未来，宇航员探索的主要方向集中在火星这一地球之外最迷人的世界。在过去的 50 年间，任何关于将人类探索者送上这颗红色星球的可行性分析，自然都是来自机器人探索者取得的骄人的甚至令人瞠目结舌的成功。近年来，"毅力号"（Perseverance）火星探测器和"机智号"（Ingenuity）原型直升机的傲人成绩，预示着在不久的将来会有更多不可思议的机器人出现。然而就目前而言，即使是这些堪称奇迹的能力也无法与人类相比。这一事实或许让人认为：在训练有素的人类地质专家尚优于机器人的时候，应该尽快将他们送上火星；抑或相反，我们应该再等一段时间，直至开发出能够与我们人类最强能力相媲美的机器人。

本书讨论的大部分内容都是关于美国长期以来在太空探索方面处于领先地位的态度和计划。然而近年来其他国家如中国、俄罗斯、日本、印度和许多欧洲国家，在自动化太空机器人和宇航员太空航行计划上均投入了大量资金。此外，大的私人公司现在开始扮演越来越突出和重要的角色，尤其那些极其富有且充满个人魅力的领头人，他们拥有自己的太空活动计划。本书第九章将会探讨尚不完善的用以规范太空活动的国际法律机制及其相关的可能规则。

许多人发现，他们的想象力会被那些太空探索者发来的关于外部世界的令人叹为观止的报告所激发，并幻想着自己在太阳系遨游的美好图景。人类进化造就我们通过在心理上将自己投射到某个情境从而对其产生理解。伴随着冒险的快感，这种投射往往提供了理解探索之旅的基本方法，即使它们是由机器人完成的。

60 年来，这些想法一直影响着航天机构的计划和预算。由于这些计划都是基于人类的原始本能，所以，无论改变主意的理由看上去多么令人信服，它们最终似乎都不太可能发生重大改变。然而写作本书的时候，我们的初衷是说服读者，情况可以而且应该有所不同。本书认为，人们应该减少通过派遣宇航员去我们的太空近邻来激励自己，取而代之的是：反思如何能够最大限度地利用空间技术造福人类，如何更有效地发现和了解近地太空和外太空，从而更好地理解我们的天体环境。

关于人类行为的一个普遍结论值得深思。西蒙斯基金会（Simons Foundation）现任主席、天体物理学家大卫·斯珀格尔（David Spergel）精炼地总结了这一点："人类历史展现给我们的是，我们首先是把事情搞砸，然后才能把一部分做对。"[5]人类对月球的探索充分验证了他这句名言，提醒我们警惕在重大问题上草率行事的危险。

本书展开的讨论指向一个尖锐的结论和另一个较为温和的结论。我们不需要宇航员作为太空探索者。我们的技术能力的不断进步和人工智能的发展，使得创造出更有能力的机器人成为可能。除非也能包含重要的机器人零部件，否则人类的身体就和我们的祖先一样受到同样的制约。在未来的几十年里，这种制约加上将人类而不是机器人送入太空进行长途旅行，并将他们安全带回地球所需的巨额资金，会成为开发机器人探索者的最好机遇。

虽然在公众的习惯意识中，最后一次登月距今已有数十年的间隔，加之今天所能获得的很多有用资讯，宇航员是否仍发挥着有价值的鼓舞作用仍是一个值得探讨的问题。除了能够鼓舞人心之外，许多人认为，宇航员是人类探索欲望的自然延伸，这种欲望是应该被鼓励而不是被抑制的。我们所有人对于情感都有着强烈的诉求，然而在进行重大决策时，情感不应该起决定性作用。

我们希望那些不同意本书结论的读者，愿意考虑哪些观点比另外一些更有分量。本书作者属于这样一类人：天文学家和天体物理学家，他们一生都在尝试提高人们对宇宙的理解。虽然我们从这个角度去探讨宇航员的问题，但我们的目标是在接下来的讨论中，呈现以科学为导向的、正反平衡的观点。我们也要认识到，用于通信、天气、环境监测、创新、小型化和卫星导航系统等的太空技术，改善了每个人的日常生活。然而在得出以科学为基础的结论之前，我们应该确定一下所有因素中可能是最为重要的一点：人们是如何看待宇航员探索遥远世界的。

目
录

CONTENTS

第 一 章

为什么探索

人类需要进入太空吗？很多人的回答是明确的：当然需要！下面的各种断言构成了这个几近令人脱口而出的结论："好奇心存在于我们的脱氧核糖核酸（DNA）中。"[1] "人类进化正是为了探索。"[2] "如果我们停止探索，我们就不再是真正的人类。"[3] "（人类在太空中的工作）展现了美国的军事优势。"[4]［这一主题被美国第 45 任总统唐纳德·特朗普（Donald Trump）的 "美国将首先把女性送上月球……美国将成为首个将国旗立在火星的国家……" 等论调不断简化。[5]］"作为先行者，我们努力为后来者开辟道路，建立起通往经济增长和获得广泛社会效益的基础。"[6] "我们必须激励年轻人和子孙后代，而这些只有宇航员可以做到。"[7] "火星在召唤我们。"[8] "火星在我们的掌握之中。"[9] "当人类开始在火星上生活和工作，一切将随之改变。"[10] "我们必须将人类送入太空，以此来证明我们可以做到。" 肯尼迪在 1962 年 9 月敦促美国将宇航员送上月球的演讲中传递了下述观点：

但有人问：为什么选择登月？为什么选择登月作为我们的目标？也许他们还会提出疑问：我们为什么要攀登世界最高的山峰？为什么在 35 年前我们要飞越大西洋？为什么莱斯大学要对阵得克萨斯大学？我们选择登月，我们选择在这一年代登月并完成其他挑战，不是因为它们轻而易举，而正是因为它们困难重重。因为这个目标将有助于组织和衡量我们最大的精力和最强的技能，因为那是一个我们愿意接受的挑战，一个我们无意回避的挑战，一个我们必将获胜的挑战，其他挑战亦是如此。[11]

前面这些意思不尽相同的论断引自各行各业的大众和精英，它们都强调了支持人类探索太空的情感基础。它们也大多聚焦于当今美国民众在太空问题上的主要目标，那个让人类无比痴迷的星球——火星。本书第五章将具体讨论有关人类或机器人探索火星的前景展望，包括对于派遣人类宇航员前往火星的支持方和反对方所提出的科学论据的考察，这也取决于人类是否能比机器人更有效地探索火星——过去这一问题的答案无疑是显而易见的（"是的！"），今天的回答也可以说是肯定的。然而未来对此的预测是一个巨大的未知数。在其他不可预知的问题中，我们既不知道宇航员何时能够抵达火星，也不知道哪些国家会派遣宇航员飞往火星，更不知道首批"火星人"的资助是来自政府、企业还是富有的个人。

对某些人而言，这些差别并不重要。相较于机器人，我们对人类探索者的情感偏好，是我们每个人在试图用理性进行指导之前就建立起来的。这种情感将持续存在，几乎无法被改变或反驳，不管我们实际可能期待什么结果。无论如何，认为人类宇航员比机器人更优越的说法，值得从下述几个方面加以商榷。

第一，让我们来改述一下哲学家詹姆斯·施瓦茨（James Schwartz）的话："探索的欲望并不是与生俱来的，不是刻在我们DNA上的，更不是人类文化所固有的。"[12] 第一小句仅建立在神秘主义的基础上，第二小句完全没有遗传上的证据，第三小句则在世界范围内广遇反证。如果将人类送往火星是"我们（从出生就注定）的命运"，那就没有理由像很多人坚持主张的那样，匆匆忙忙地走这条路，因为我们反正最终会到达那里；如果说我们的DNA显示出了对探索的遗传偏好，这可能是那些早期探险幸存者的基因的自然选择的结果；如果说确实有证据显示某些文化对冒险和探索表现出了热情，但事实上也有其他一些文化完全没有。

第二，我们不需要在"火星竞赛"中击败我们的挑战者。国家之间的竞争虽然促使人类登上了月球，但随后的50年显示，理性的探索计划会更有意义，产生的结果也会更有实际价值。"击败苏联人登上月球"的迫切需要打开了"阿波罗计划"的资金闸门，也就是说，如果没有所谓的"太空竞赛"这一20世纪60年代的流行概念，"阿波罗计划"也许永远不会启动。理性的研究和简单的常识均表明，去往火星的最佳方式来自全世界的共同努力，这一努力不仅会对我们的文明产生积极影响，而且能够更大地提高成功的概率。然而不幸的是，现在看来这种努力并不比 50 年前登月时简单多少。就像当年那样，这个国家还是为了在火星上插上自己的国旗以展示其在太空中的霸主地位而迎接挑战。与 20 世纪 60 年代的情况不同，当下，私人资金可能会助力完成率先到达火星的挑战，因为与大多数国家相比，由个人来承担巨大风险的意愿更高，可能的牺牲也不再那么昂贵（对此，大量的志愿者跃跃欲试）。总之，将人类送上火星的任何一条道路都将面临巨大的风险和开销——这可比那些有钱人曾经认为其无所不能的经济实力要大得多。

多国合作才是最佳的方式——尤其是那种从个人而非纳税人那里募得大量稳定资金支持的多国合作。这样做不仅更加合理，而且还能激发出我们天性中更加善良的一面（尽管这点本身之于这种庞大的合作是微不足道的）。一些宇航员支持者强调，宇航员的成就能为民主政府带来"软实力"。不过这一观点很难被证实，而且会受到太空探索中不可避免的灾难的反作用。

第三，人类登上火星并不能改变任何事。即便全人类联合起来完成这项任务，我们在地球上的问题仍然不会改变。这一观点将在本书第七章关于巨型太空定居点的讨论中频繁出现，其支持者的美好愿景是一个被优化了的社会，人类可以从地球上的种种禁锢中获得解放。然而，实际情况很有可能是：人类无论走到哪里，自身的问题都会如影随形。

第四，尽管宇航员的形象和精神的确有助于激励学生和成年人学习科学，然而这又不是达到这一效果不可或缺的条件。2021年，"毅力号"探测器在火星着陆，证明了壮观的影像和惊人的科学成就能够引发强烈的反响。与前人相比，如今这一代的学生对虚拟现实的认知和接受程度要高得多，他们在精神上将自己投射到其他世界的能力也相应更强，但又不会忘记自己身处的现实世界。

第五，美国第35任总统肯尼迪60年前的豪言——"我们应该完成一项壮举以证明我们有这个能力"的观点，被认为和"仅仅因为珠穆朗玛峰在那里，就一定要去攀登"的观点一样没有意义，它只适合那些把"插上美国国旗"当作去火星的主要目的的人。

前面所讨论的这些观点仅提供了一些最常见的支持人类宇航员仍有存在意义的理由。然而对此的完整论述还必须包括科学作家奥利弗·莫顿（Oliver Morton）所提出的更广泛的观念，他写道：人类登月之目的可能不仅是开采月球资源，更是"旅游、自我满足、灵感、竞争、探索宇宙、保护和改善人类的未来、娱乐、炫耀和体验崇高"。[13]

公众调查显示，支持人类太空探索的最为重要的三大理由是：

- 与机器人相比，人类在太空中能够做得更多而且更加高效；

- 人类必须满足自身探索新领域的冲动；

- 在太空中，人类增加了对宇宙和自身的了解。

以上三种观点是对人类三种类型的活动的解释：第一种，评估了人类的能力；第二种，激励了我们内心的冲动；第三种，为我们的文明设定了一个理想的目标。在转而谈及人类飞往太空的其他动机之前，我们可以发现，本书的核心内容是反驳上述三种观点中的第一种，随着时间的推移，这种观点越来越经不起推敲；同时，本书兼有考察第二种观点作为决定"是由人类宇航员还是机器人来探索"这一问题的可能因素；而对于第三种观点，本书是完全接受的，它在支持使用机器人的同时也支持人类探索者自身。

我们应该注意到，尽管宇航员们冒着生命危险英勇地探索火星，将他们与 15 世纪和 16 世纪那些著名的欧洲探险家一起称作"探索者"是不准确的。很久以前，第一批前往遥远地域的人类进入的是真正的未知领域（Terra Incognita），这些地区在他们到达之前完全不为人知。而前往火星的宇航员，则是在机器人预先周密探索过（很可能已经采集了样品并带回地球）的区域实现登陆，并能够与地球保持联系。至少，他们有机会避免因发现原住民对他们探索的"新大陆"已经了如指掌而感到震惊。

如果美国和其他国家决定像"阿波罗计划"那样优先将人

类送上火星，那么很少有人会否认宇航员能够于 2050 年，甚至 2040 年以前抵达火星。然而，普遍存在的政治和经济现实，在"能够做什么"和"将要做什么"之间营造了巨大的鸿沟。协和飞机（Concorde）是世界上第一架超音速飞机，在"阿波罗号"飞船首次登月 4 个月前已经投入使用，近 20 年前它完成了最后一次飞行，至今没有任何详细的后续计划。

NASA 对人类太空探索活动的解释

那些点开 NASA "超越地球：开拓人类进入太阳系"（Beyond Earth: Expanding Human Presence into the Solar System）网页的读者会发现，"我们为什么探索"部分涵盖了这样的主张："好奇心和探索对人类精神至关重要，接受进入外太空的挑战将引导当今世界的人们及未来几代人加入美国国家航空航天局这一激动人心的旅程。"该网页的"为什么选择火星？"部分则以如下陈述作为结尾：

这项前往地球最近的行星邻居① 的任务，为我们提供了绝佳的机会来证明，人类可以在近地轨道之外长期甚至永

---

① 火星是地球在太阳系中的"近邻"之一，事实上金星距离地球更近。——编者注

久生活。运送和维持探索者所需的技术和空间系统将推动创新，并鼓励人类以创造性的方式应对挑战。正如以往的太空努力所证明的那样，由此产生的　　技术将具有长期持久的效益和应用价值。前往火星并学习如何在那里生活的挑战，将激励全世界各国共同努力，完成这一雄心勃勃的伟业。国际空间站充分展示了合作的机会能够凸显我们的共同利益，并形成一种全球社区意识。[14]

将人类送上太空的这一漫长征程，的确能证明他们可以完成这项任务，这是不容置疑的。然而除此之外，这个宣言并没有证明人类探索者比机器人探索者更有优势。

支持太空探索的情感和心理依据

关于将宇航员送上太空旅程的利弊的全面讨论，从只需几百英里的"人类的舒适圈"近地轨道，到25万英里之遥的月球，直至亿万英里外的火星，我们要探索的不仅仅是太阳系，更是人类的内心世界。从某种程度上来说，后者是一个更加困难的挑战。对不同的太空探索方法的"成本—收益"分析在数据上更为可靠，相较而言，对于"探索"一词本身所代表的情感和心理意义所进行的评估结果要不确定得多。然而，我们对太空探索的支持，很大一部分（也许是主要部分）取决于我们对特定项目的看法，而非建立在科学知识，或者它们可能带来的矿产财富及其他可见的收益上。

在太空探索问题上，有关人类情感和心理的所有检测均显示，公众通常不会想到一个问题，这也是本书中一再强调的问题，那就是人类宇航员和机器人之间存在的巨大区别。当被直接问及时，很多人会坚持认为人类必须或应该从事太空探索，但这些反应通常源于情感上的考虑，而往往会弱化或消除人机之间的区别，因此，几乎所有的探索行为都能引起人们积极的共鸣。

与这些感受相反，科学家和工程师们仍然能够清楚地意识到这两种探索方式之间的差异。几十年来，他们的努力形成了两种不同的方法，偶尔混合使用，用以认识宇宙。我们如今能够用更快的方式将宇航员送到比以前更遥远的地方，抵达我们太阳系里最近的邻居，并亲自对其进行探测。我们也一直在周而复始地设计和制造机器人，其中一种已经可以在太阳系航行，比人类进行此活动要便宜得多，并且能够取得更多其他成就。还有一种类型的机器人对天文学家来说更为重要，它们能够携带并维护望远镜等仪器，且完全不受地球大气层产生的吸收效应影响。大气层带给我们生命，却严重遮挡了我们的视野；这些机器人仪器，则使我们能比地球上所有天文台更有效地观察和研究那些比月球和太阳系行星还要远上数万亿倍的恒星和星系。

理论上，人类探索者和机器人探索者都是合理的，如果计划得当，他们甚至能够相辅相成。最著名的人机混合项目——哈勃空间望远镜，在它 40 多年的生命中，已经先后接待了 5 批宇航员。[15] 尽管每次访问都显著提升了望远镜的性能（第一次访问还修复了它的一个致命性制造缺陷），但管理这台强大仪器的空间望远镜研究所（the Space Telescope Science Institute）的负责人表示，5 次宇航员维修任务的总成本，足以建造和发射 7 台全新的望远镜了。这一数据对比向我们展示出了，只要维修的选项（即使稍贵一些）仍然可行，"沉没成本"的偏见就会阻止我们选择更新。

在实际情况中，我们对太阳系里的邻居进行探索时，宇航员做出每项成绩所需的费用比机器人所需的相应费用都要高出许多倍，而机器人获得的科学成果却要比宇航员得到的更为全面（本书第八章将对两种太空探索方法的成本和成果进行更为深入、细致的考察）。

那么，为什么还有那么多人如此渴望看到我们的人类宇航员登陆火星，却忽视了"我们现在就在火星上"这一事实呢？毕竟我们有神奇的机器人探索者来绘制火星表面的地图，更有探测器对火星表面一块块有趣的岩石进行详细勘探。而为什么一些像本书作者这样的天文学家，则想象他们可以改变这种态度，使人们转而认识到用机器人而非人类探索太阳系或更远星际的优越性呢？

人类的进化和社会的历史使我们对人类探索者和非人类探

索者两种方式的反应产生了相当大的心理差异。在过去的 60 年里，我们的文明投入了巨大的人力、物力创建了一个系统，这个系统旨在将人类探索者和机器人探索者送入太空。虽然公众对这两种探索的成功都表示了庆祝（也哀悼了其失败），但我们与人类同胞之间自然产生的情感联系，使得人类宇航员比机器人获得了更多关注。人类首次登上月球远比探测器首次到达金星、火星、木星、土星或冥王星更让世界感到兴奋。1986 年和 2003 年，那些在被送往地球轨道过程中牺牲的宇航员，远比那些自动航天器的无数次毁灭更触动人心。

这些情感反应和依恋上的差异可以顺理成章地被认为是永久的。自动探测器也会激发我们的情感联系，就像火星上的"索杰纳号"（Sojourner）、"勇气号"（Spirit）和"好奇号"（Curiosity）机器人探测器一样，以及其继任者"毅力号"，乃至英勇的"新视野号"（New Horizons）宇宙探测器，它让我们第一次能够清晰地看到冥王星和它的几颗卫星。

可即便如此，几十年前，科学家和工程师们在为未来探索太阳系的项目寻求资金时，仍无奈地创造了一句略带讽刺意味的格言："没有巴克·罗杰斯，就没有钞票（no Buck Rogers, no bucks）。"[16]（今天的年轻人可能想不到，那个曾经风靡一时的、在漫画、杂志、书籍、广播、电视和电影中经常出现的巴克·罗杰斯和他的"25 世纪历险记"，在这个角色于 1929 年首次登场后的半个世纪内，给数以百万计的美国人诠释了太空探索的新概念，并激发了大批的效仿者和追随者。）①

　　从货币角度来看，我们应该很容易发现，在美国，人类太空探索项目从未超过整个国家预算的 4.5%，实际上也只有在 20世纪 60 年代中期有 2 年超过了 4%。[17] 自 1958 年成立以来，美国国家航空航天局在人类太空探索上的花费比在机器人探索上的多 60% 左右（详见本书第七章）。我们应该注意到，人类宇航员对太空的探索到目前为止只扩展到了月球，而自动航天器在距离上不仅超出人类探索的数千倍之遥，而且除了探测所有围绕太阳运行的主要天体，对银河系和银河系之外那些更为遥远的天体也进行了数十亿次的观测。

公众对太空探索态度的统计数据

　　目前，公众对太空探索和研究的态度是什么呢？作为一个拥有着无比雄心勃勃的计划并且能够深入开展各种类型的公众调查的国家，美国在这个问题上提供了海量的统计数据。我们认为，至少就目前来看，这些民意调查可以同时代表大多数欧

---

　　① 巴克·罗杰斯是一个经典的科幻人物，他在 20 世纪昏迷，却在 25 世纪醒来，并经历了一系列冒险。其形象灵感来源于 1928 年菲利普·费朗西斯·诺兰（Philip Francis Nowlan）出版的科幻小说《世界末日——公元 2419 年》（*Armageddon—2419 A.D.*）中的主人公安东尼·罗杰斯（Anthony Rogers）。——编者注

洲国家的民意调查结果。尽管目前缺乏某些地区的数据，也没有证据证明美国的统计结果反映了其他发达国家的意见①，我们还是斗胆把美国数据中得出的结论，应用到世界其他大部分人口身上。如果事实证明，这些数据确实只反映了美国人对太空探索所涉及问题的看法，鉴于美国深度参与了向太阳系附近部分区域派遣人类宇航员和自动航天器的一系列努力，这些数据仍将具有重要意义。

在深入研究公众态度调查数据之前，我们应该意识到，绝大多数普通人对太空探索的任何方面都相对缺乏兴趣，而那些表示感兴趣的人群的评价也从"一般"到"非常"各不相同。在更广泛的政治和社会背景下，太空探索的受关注程度远远低于其他诸多地球上的问题，如从堕胎问题到对环境的担忧等等。其实这并不奇怪：我们每天都要解决若干地球上的问题，而苍穹一直都在。2020年，美国对4项不同民意调查的分析得出的结论是，美国人大致可以分为3类：对美国国家航空航天局和太空探索非常感兴趣的人（10%—20%）；根本不感兴趣的人（约为20%）；不同程度感兴趣的人（60%—70%）。[18]此项分析的一个相关部分显示，美国公众"对如何看待载人任务在航天探索中的作用似乎存在争议，而以上这些'感兴趣'的受访者也使这种

---

① 原文如此，这句和前句"可以同时代表大多数欧洲国家的民意调查结果"似有矛盾。——译者注

看法上的差别变得显著"。关于政府在太空探索上的支出，民意调查的结果同样也显示出类似的趋势：在一项调查中 32% 的受访者认为支出太低，而 21% 的受访者则认为支出过高。

2014 年，美国国家研究委员会（National Research Council）制作了一份内容涉猎广泛的报告，收集了美国自 1980 年以来的民意调查数据。[19] 公众在被问及对太空的感兴趣程度以及他们认为自己对太空探索了解的程度时的回答，随着调查时间的推移而波动，感兴趣程度和了解信息的水平在 20 世纪 80 年代初航天飞机首批远航时达到了最高点，而在 2000 年至 2009 年这 10 年间的后半期降至最低点。那些"非常感兴趣"的群体从最高时的 33% 下降到 20% 以下；"非常了解"的群体从 16% 下降到 7%；而那些"关注太空"的群体则从 10% 下降到 5%。调查笔者客观地指出："公众对太空探索的兴趣相对低于对其他公共政策问题的兴趣。"[20]

以上的民意调查展示了公众对"太空"和 NASA 的普遍态度，但并没有将人类探索和机器人探索区分开来。在有关太空探索的讨论中，这种将很大程度上相对独立的活动混为一谈的情况非常突出，因此模糊了本书提出的主要问题。类似的混淆也经常出现在讨论外星生命时，比如不区分太阳系或银河系内存在地外生命的可能性和存在有智力的外星生命的可能性。本书后面的章节将扩展讨论这一话题。

2019 年，美国有线卫星公众事务网络（Cable-Satellite Public Affairs Network，简称 C-SPAN）为纪念人类首次登月 50 周年而委

托进行的一项民意调查发现：只有 13% 的受访者认为，让宇航员重返月球应该是 NASA 的首要任务 [21]；18% 的受访者认为，人类登陆火星更为重要；更高比例（足足 63%）的受访者则将"最高任务"聚焦于那些能够使我们了解地球环境变化的监测卫星；而47% 的受访者认为"开展基础科学研究以增加对太空认识"应占首要位置。（受访者可以选择一个以上的"最高任务"选项。）

美国国家科学院对参与者的问卷

美国国家科学院（National Academy of Sciences）的一项研究由著名天文学家乔纳森·鲁宁（Jonathan Lunine）和印第安纳州前州长、美国管理和预算办公室主任、现任普渡大学校长米奇·丹尼尔斯（Mitch Daniels）主导，并且他们也参与了问卷调查。这项调查的对象不是普通大众，而是来自 8 个不同"参与团队"的约 2000 名成员，这些人参与涉及工业、空间科学、教育、国防、外交政策、科学普及以及太空探索宣传等不同领域的活动。[22] 当参与调查者被问及他们认为总体而言进行太空探索的最有力的唯一理由时，最主要的 2 个答案是：增进我们的知识和科学理解（60% 受访者提到）、人类探索新领域的动力（21% 受访者提到）。[23]

报告指出："即便是给出答案选项的封闭式问卷调查，也没能得出获得绝大多数受访者支持的载人航天活动的唯一根本理由。首先，激励年轻人从事 STEM① 领域的工作（47%）和满足人类探索新领域的基本驱动（45%）被认为是"非常重要的理由"，其次是推动技术进步（40%）以及增进对知识和科学的理解（37%），但绝大多数受访者未能在载人航天活动的"最重要理由"这一问题上取得共识。"²⁴

需要强调的是，一方面，参与者支持太空探索的理由和支持载人航天的理由不尽相同，但人类探索新领域的原始动力在 2 项调查中获得了同等支持率；另一方面，在支持太空探索的诸多理由中，增进知识和科学理解被提到的频率是其在支持载人航天的理由中的 2 倍之多。而进入太空的潜在经济回报，以及在其他星球寻找生命，这两项理由都没有获得超过 2% 的支持率。²⁵

美国国家科学院的报告有效地将载人航天的理由分为两类：实用（经济活动、国土安全、国家地位和自豪感、教育和激励作用、科学探索）以及雄心（人类在其他世界的永久生存、我们的共同命运、探索欲）。报告指出，尽管机器人可以更快、更廉价地完成任务而且能够走得更远，但人类的应变能力和快速反应能力是机器人尚无法比拟的，虽然"这种局限性终有一天会改变"。至于这些理由，该报告认为，我们目前尚无法确定，地球外的定居点能否比人类在地球上的存在得更久，并延长我们物

①即科学（Science）、技术（Technology）、工程（Engineering）、数学（Mathematics）。——编者注

种的存续时间。"尽管不是所有人都认同（'人类的命运就是探索太空'这一观点），但对于那些参与此事业的人来说，这是载人航天的重要理由。"[26]

调查委员会随后又进行了一番努力，并宣布了一个关键性结论："没有任何理由可以证明载人航天的特殊价值。"另外，在综合考虑时，前面的理由更有说服力："雄心和励志的因素及价值取向，与一些持久性的问题紧密结合在一起，为载人航天的实际利益'增加'了价值，调查委员会的意见是，美国国家航空航天局载人航天有理由继续进行（当然，要在合适的条件下）。"[27]

这些精心措辞的陈述，很可能代表了知识渊博的专家们的最佳判断。这意味着，虽然在考虑未来人类太空探索这一重要活动时，我们往往会被自己的情绪误导，但当我们在理性分析和实际操作中把这些情绪和理智结合起来时，我们就有可能决定如何继续推进载人航天计划。

接下来的章节将更为详细地探讨载人航天的利弊，本书将具体阐述倾向于支持机器人而非人类进行太空探索的理由。同时，本书也会介绍一些最新的发现和有关太阳系的探索计划，在人类尝试破译宇宙密码的过程中，这些发现和计划展示了人类已经取得和期待取得的成就。

第 二 章

『整理』太空

太空漫游，无论是对人类宇航员还是机器人探索者而言，都需要巨大的人力和物力支持，这极大限制了很多大企业太空梦的实现，无论这个太空梦的出发点是善意的还是不良的。在考虑我们为克服这些障碍所做的努力时，本书提出了一个关键性的问题：机器人能比人类更高效、更安全、成本更低廉地完成这些计划吗？[1]

6 个探索领域

对比人类宇航员与机器人探索者，我们应该从科学分类技术入手，将考察对象进行分类。在开始讨论现在以及未来的太空探索事业前，更为有效的方法是将这些活动归类于以下 6 个领域：

- 近地轨道（或称"低地轨道"），代表了迄今为止太空活动的主要领域；

- 对月球的科考和基地建设；

- 前往最近的行星——主要是火星的任务；

- 研究、捕获小行星，在小行星上采矿；

- 构建自由轨道，在太空中建立永久栖息地；

- 前往太阳系的外行星，或者（在未来几个世纪）前往其他行星系统长期航行。

这 6 项活动的顺序大致与它们已经实现或未来可能实现的时间顺序相对应。前 2 项——对近地轨道和月球的探索开始于 60 多年前。这个时代的标杆包括第一颗人造卫星（1957 年）、第一次绕地球轨道的载人飞行（1961 年）以及人类宇航员首次登陆月球（1969 年）。[2] 第 3 项行动开始于 20 世纪 70 年代初期环绕火星和金星的探测器，以及太空航天器首次在另一个行星成功着陆［1971 年，苏联"火星 3 号"（Soviet Mars 3）着陆器仅幸存了很短暂的时间，后来在 1976 年，"海盗 1 号"（Viking 1）和"海盗 2 号"（Viking 2）成功登陆火星］。未来 10 年内，宇航员登月活动可能恢复。如果美国将其视为"阿波罗计划"式的国家重点项目，宇航员可以在相对较短的时间内登陆火星。然而鉴于当前的情况，这个目标可能需要几十年的时间。现在，小行星研究人员已经获得了 3 个被观察对象的近距离清晰图像，并在 2

个被观察对象上采集了样品带回地球（第一个在 2020 年）[①]。在小行星上进行正式的采矿作业引发了激烈的讨论，然而至少在未来 5 年内，这方面应该不会有任何实质性的成果。

自 20 世纪 60 年代末以来，外太阳系的自动探索一直是美国国家航空航天局及其合作伙伴的主要工作。此后不久，欧洲航天局也开始了类似的尝试。在过去的 50 年里，9 个飞行器被送往 4 颗巨行星（木星、土星、天王星、海王星）和矮行星冥王星，其中包括 2 个多年飞行器：环绕木星的"朱诺号"（Juno）和环绕土星的"卡西尼号"（Cassini）。尽管在木卫二（Europa）和土卫二（Enceladus）冰冷的表面下寻找生命，或者在巨大卫星土卫六富含乙烷的湖泊中寻找生命充满了吸引力，但目前仍没有任何可行的计划使人类宇航员能参与这些工作。同样，人类痴迷于太空栖息地的可行性已持续半个世纪有余，但到目前为止，对此甚至没有一个相关具体项目的正式提案出台。

完成这 6 项任务的困难程度主要取决于它们和我们的距离，而几乎所有天文学所涉及的距离和数字都是我们日常生活根本用不到的，相比于描述实际距离，使用比数本身可能更容易使人理解。

遵循这一原则，我们可以将这 6 个区域的描述扩展如下：

- 　近地轨道占据地球表面上方几百英里的区域，地球同

---

① 第一个是日本的"隼鸟 2 号"（Hayabusa 2），于 2020 年 12 月携带小行星"龙宫"（Ryugu）样品返回地球；第二个是美国的"冥王号"（OSIRIS-REx），于 2023 年 9 月携带小行星"贝努"（Bennu）样品返回地球。——编者注

步轨道允许卫星在地球自转时保持静止在地球赤道上的某点，它的高度超过近地轨道约 100 倍，也就是距离地球表面的 22236 英里；

- 地月距离平均为 23.9 万英里，约为近地轨道和地球距离的 1000 倍，约为地球表面到地球同步轨道距离的 11 倍；

- 金星和火星是离我们最近的行星，距地球只有 3000 万英里。然而，沿最节能的轨道到达那里需要航行 3 亿英里，也就是说，这个距离是地月距离的 1000 倍；

- 大多数小行星在火星和木星之间绕着太阳运行，距离几乎是火星到太阳的 2 倍，一小部分小行星的轨道离地球更近一些，还有一些小行星的轨道穿过地球轨道（万幸的是，产生灾难性撞击的可能性很小）；

- 大型太空栖息地的构想集中在地月系统的 L4 和 L5 区域，[3] 其中一个在月球轨道的前方，另一个在月球的后方，两个区域和地球形成两个等边三角形，而地球和月球则位于三角形的另外两个顶点，其中一个点上的物体可以相对稳定地沿轨道运行，而不会被其他行星拖入不同的轨道，同时可以保持与地球和月球相同的距离；

- 太阳系的 4 颗巨行星——木星、土星、天王星和海王星——以及它们大大小小的卫星，它们围绕太阳公转的距离是地日距离的 5 倍到 30 倍，从接近 5 亿英里到 28 亿英里不等，是地月距离的数千倍，如果我们想去最近的恒星系及它们的行星旅行，那么就必须面对更大的挑战，因为我们和它们的距离是和木星的约 4 万倍。

预测是困难的，尤其当它涉及未来的时候［这句话通常被认为是丹麦伟大的物理学家尼尔斯·玻尔（Niels Bohr）所说，也有人认为是约吉·贝拉（Yogi Berra）所说］。[4] 如果我们从历史中学到了什么，那就是我们应该继续期待那些无可期待的事。未来有些事情的发生几乎是肯定的：明天，太阳照常升起；2027 年 8 月 2 日，将发生日全食。[5] 我们可以根据以往的经验，对其他事件发生的可能性抱有高度的信心。相比之下，那些在未来首次发生的事件则具有不同程度的不确定性。在评估第 3 到第 5 类载人航天活动发生的概率，或者在为其中任何一类活动设定一个时间表时，我们要时刻提醒自己这类事件发生的不确定性，以及在评估这些未来结果发生的概率时所产生的相应情绪。

在对比人类宇航员和机器人的太空探索活动时，其显著的区别并不在于航程，而在于它们对人类生存的影响。一旦进入太空，由太阳能或核能提供能量，并能够屏蔽高能粒子的自动航天器可以轻松地工作数十年。长期以来，我们的外星探测器实实在在地证明了这点。相比之下，宇航员在太空中的每一天都对氧气、水和食物等有额外的需求，包括对来自太阳和外太空粒子的防护需求；长远来看，疾病和衰老会给人类带来更多的困难。这些问题我们将在本书第四、五章的火星之旅中着重加以讨论，我们还将在本书第七章讨论既能够在太阳系轨道运行，亦能前往其他恒星系的多代、自给自足的生态系统。

寻找挣脱引力势阱的能量

太空航行最明显的挑战是距离，其次是一些不很明显的因素：引力势阱的深度限制了任何较大物体的脱离。引力势阱的概念合理地结合了阿尔伯特·爱因斯坦（Albert Einstein）关于空间二维曲面的三维特征概念：几乎每一处都是平的，有质量的物体会使其弯曲，从而产生引力凹陷或称"阱（井）"。任何从地球出发的航天器都必须通过所需能力来摆脱地球的引力势阱，同时有足够的能量以避免因目的地的引力势阱作用而坠毁。引力势阱越深，摆脱它所需要的能量就越大，同理，巨大的航天器所需的能量远超那些较小的航天器。

我们可以通过标准质量的物体被发射后完全摆脱引力所需的能量，来测算一个物体引力势阱的深度。这个数字仅能粗略估量一枚火箭所需的能量，因为现实中的火箭会逐渐加速，在消耗燃料的过程中，它的质量会逐渐减少，在穿越厚厚的大气层时还要消耗掉更多的能量。了解了这些情况后，我们还应知道，地球的逃逸速度为 7 英里／秒，火星的逃逸速度为 3.1 英里／秒，月球的逃逸速度仅为 1.5 英里／秒。到达太空航行的目的地，逃逸速度同样重要，它大致描述的是安全降落而非撞毁在目的地天体所需的能量。

对于从与物质具有相同平均密度的天体中逃逸，牛顿定律显示逃逸速度与物体的直径成正比。[6]月球、火星和地球的直径比约为 1∶2∶4。这些天体密度不同，其真实逃逸速度比为 1∶2.1∶4.7。太阳系最大的小行星谷神星（Ceres）的直径是月球的 27%，但由于密度明显较低，其逃逸速度仅为月球的 21%。火星的两颗小卫星——火卫二（Deimos）和火卫一（Phobos）的直径分别为 4 英里和 7 英里。它们的逃逸速度不是用"英里 / 秒"来测量，而是用"英里 / 小时"测量（火卫二的是 12 英里 / 小时，火卫一的是 25 英里 / 小时），这意味着一个假想的宇航员可以骑着自行车通过一个斜坡直接进入太空。这些卫星的低逃逸速度和火星的逃逸速度接近，这使它们成为近乎理想的观测平台，支持复杂的仪器用以考察这颗红色星球。

影响太空探索和建设的因素

对于太阳系中的任何特定旅程，在特定推进系统的前提下，距离和逃逸速度等关键因素决定了旅程需要多长时间以及需要多少能量。除了用逃逸速度粗略表示的能量分析外，我们还需要考虑旅程中每增加一步所带来的额外能量需求，例如离开近地轨道到达一个更大的地球同步轨道所需的能量，大约是离开地球表面进入近地轨道所需能量的 1/4，那么，从更大的地球同步轨道去月球或其他地方航行，需要的能量消耗则更要小得多（尽管如此，我们仍应该注意，不同的轨道对应不同的能量需求）。

这些物理定律的应用表明，如果我们建立一个向遥远目标发射物质的基地，将较小的天体作为这个基地更有优势。如果我们从月球而不是地球直接向火星发射物质，所需要的能量要小得多，尽管两者之间的距离是一样的。当然，无论这个物质最终发射到哪里，该理论均能适用。

毫无疑问，太空飞行的最大障碍是从引力势阱中逃逸所需的燃料，不论是进入近地轨道，还是（需要更多燃料）进入逃逸轨道。因为化学燃料的能量储存方式非常低效，任何火箭离开地球时都必须携带比其结构或有效载荷重几倍的燃料。多级火箭就是要尽力解决这个问题，当燃料耗尽时，第一级火箭和助推器随之被抛弃。宇宙飞船则可以避免这个问题，至少在到达近地轨道之前，其所需能源一直保持在地面。比如把一根碳纤维电缆送到距离地面 3 万英里的高空，在地球自转离心力的作用下保持固定，为运送物资或宇航员提供运行平稳的"太空电梯"。（制造足够坚固的缆绳需要高端的制造技术，比如用大量的碳纤维编织一根"绳索"的想法，但这仍仅存在于科幻当中。）

广义而言，更为传统的改进方案包括燃料的改变，最受关注的是核能燃料。就其本身而言，核动力航天器可能无法提供摆脱地球引力所需的推力，然而一旦进入太空，则可以在整个航行中产生低能但可持续的推动力——缓慢加速后缓慢减速，从而获得更高的平均速度。这样，核动力推进可以将前往火星的时间从6个月缩短至3个月，并将宇航员暴露在核辐射下的危险以及长期被限制在狭小空间里可能产生的风险减半。如今，化学燃料的局限性要求航天飞行必须预先进行周密的计划，以降低任何可能的燃料额外消耗。然而，如果拥有充足的燃料供应，宇航员就可以直接参与操作中段机动变轨，将宇宙航行交由人类而不是计算机控制。

对货运飞船来说，距离相对于引力势阱深度而言则不是什么大问题，因为高速并不那么重要。从行星或卫星的引力势阱中离开的物体，在太空中可以相对自由地滑行，只有向外穿过太阳系时，才会受到太阳引力的影响。比如将一个实验室送往火星的能量，几乎足以将其带到距离是其2倍多的小行星上，虽然到达这个小行星的航程可能需要2倍多的时间，但这对非生命物质的转移来说几乎无关紧要。

生命系统要考虑的就不同了。一名宇航员前往小行星带所需的食物、水和氧气大约是前往火星的2倍，尽管这两次航程所需的能量大致相同。对这些必需品的要求同时也对航天器本身的质量提出了更高的要求，而这些又反过来增加了所需的能量。举个最简单的例子，每一个航天员待在近地轨道上，都需要将供给送到离地球250英里以上的太空，而这所需的能量消耗，折合成美元相当于每磅①至少对应 1250 美元。综合考虑发射成本和人力需要，一名宇航员在国际空间站每天花费的总成本约为 750 万美元。[7]

而对于发送到遥远目的地的无生命物质，逃逸所需能量也同样可以直接计入能量（以及经济）费用。因为地球的逃逸速度是月球的 4.5 倍以上，所以，如果我们从月球而不是从地球发射物体，那么把它们送到远离地月系统的目的地要便宜得多。当我们考虑在太阳系的任何地方建立基地时，基本能量准则是：如果那个地方需要原材料，尽可能从月球上运送过去。

当然，更好的办法是就地取材，这样就彻底解决了运送问题——这是人类在地球上长期从事的一项活动，就像 4000 多年前，埃及人建造金字塔时那样。又例如，相比之下，规模小得多的英国巨石阵的建造者，从 25 英里外的采石场搬运最重的石头，从 150 多英里外的威尔士一处更古老的圣地搬运重达 3 吨的巨石。[8]在月球上建造基地的基本要求，包括在月球上找到建造和维护基地所需的几乎所有东西，例如天文学家罗杰·安吉尔（Roger Angel）和尼克·伍尔夫（Nick Woolf）建议，月球基岩上方的松散岩石和土壤可以制成砖块，用来建造圆顶状的结构，这使人想起古罗马的万神殿，2000 年后的今天，它依然屹立在意大利城市的中心。[9]

---

① 1 磅等于 16 盎司，合 0.4536 千克。——编者注

第 三 章

近地轨道

在讨论人类重返月球之前，我们必须审视一下宇航员业已熟悉的领域：近地轨道。这个离地球几百英里之遥的区域，见证了许多壮丽和悲伤。在那里，数以百计的男男女女已经学会了如何适应地球居民所不熟悉的环境。

请原谅我再次以美国为例：通过援引美国国家航空航天局及其全球合作伙伴的成就，我们可以总结过去 50 年来人类参与太空探索的情况。在此期间，美国国家航空航天局将其年度预算的近一半（目前约为 230 亿美元）用于载人航天，另外大约 30% 则用于其他科学活动。[1] 截至目前，载人航天的主要成就是国际空间站，宇航员在那里能够连续生活数月并进行一系列的实验，其中许多实验涉及太空生活的各个方面。现在，绕地球轨道航行的人员除了来自世界上许多国家的宇航员，也有一些相对没有什么经验的普通人和少数立法者，甚至还有一些为了寻求刺激而花费令人咋舌巨款的"太空游客"。一位立法者——来自佛罗里达州的参议员比尔·纳尔逊（Bill Nelson）参与了1986年的载人航天飞行。35年后的2021年，他被提名为美国国家航空航天局局长。

1986年"挑战者号"（Challenger）在起飞时发生爆炸〔即纳尔逊乘坐"哥伦比亚号"（Columbia）返回地球10天后〕，2003年"哥伦比亚号"在重返地球时解体，在经历了以上两次巨大的航天飞行灾难后，参与太空飞行的人更多是受过训练的宇航员。[2] 在135次的NASA航天飞机发射总数里，这两次灾难造成的失败率不到2%，尽管对于普通的太空乘客——无论是游客还是商人而言，每一次事故的发生都是令人难以容忍的，但这个比率对宇航员、悬挂式滑翔（及其他极限运动）爱好者和试飞员来说，则是完全能够接受的。NASA曾将"挑战者号"的最后一次飞行标榜为"加深公众对太空计划支持的机会"，并选择了来自新罕布什尔州的中学教师克里斯塔·麦考利夫（Christa McAu-liffe）作为7名机组成员中的民众代表之一。两次航天飞行的失败共同导致了美国载人航天的长时间中断，为降低航天飞行的风险，美国付出了代价高昂的努力，但效果非常有限。尽管如此，在那些有钱人中，太空旅行仍然充满了诱惑，以至于由此产生了一个更广泛的商业项目计划，几乎可以肯定，它将被作为针对寻求刺激人群的冒险之旅来推销，而不是常规旅游项目。

在中国于2003年首次将航天员送入太空之前，涉足载人航天领域的国家只有美国和苏联（以及后来的俄罗斯）。两国不断改进的宇宙飞船包括：苏联的"东方号"（Vostok，1961—1963年）、"上升号"（Voskhod，1964 年）、"礼炮号"（Salyut，1971—1986 年）、"和平号"（Mir，1986—2001 年），以及美国的"水星号"（Mercury，1958—1963 年）、"双子星座号"（Gemini，1961—1966年）、"阿波罗号"（1961—1972 年）、"天空实验室号"（Skylab，1973 年）、航天飞机（1981—2011 年；最终型号的航天飞机帮助欧洲航天局在 1983—1998 年运载了太空实验室的舱体）。

国际空间站及宇航员在近地轨道的未来

以上这些任务的完成，为国际空间站（International Space Station，简称 ISS）的建立铺平了道路。国际空间站由 5 个不同的太空机构创建，涉及 26 个国家。1998 年开始，国际空间站不断增加一个个太空舱，自 2001 年来，一直由工作人员常驻。国际空间站重约 100 万磅，里面做了增压处理（增压的体积大约为32000 立方英尺[①]），宽度超过了 2 个橄榄球场的长度。[3] 国际空间站的运行测试验证了人类太空飞行的多个方面。第一，宇航员展示了他们有能力在太空中组装大型定居点。第二，他们向我们证明了，人类可以在失重条件下于太空中生活数月之久——诚

---

①1 立方英尺约合 0.028 立方米。——编者注

然，在航天飞行中出现的问题都是很严重的，本章在后面将对此展开讨论。第三，在空间站的工作和生活也充分显示了人类在太空中的优势和局限。总体而言，空间站上的宇航员将大约15%的时间用于研究活动，剩下的时间用于睡眠、饮食和锻炼以保证他们在太空环境中维持良好的适应状态。人类在地球上通常也是这样安排生活的，在有偿工作上花的时间一般不会超过20%。这15%的比例仍然清晰地提醒着我们，人类在太空中需要克服一定的困难，这还不算那些相对次数很少的国际空间站外太空行走所需的额外付出。[4]

建设国际空间站的总成本超过1500亿美元，这可能是人类有史以来制造的最为昂贵的产品（其中包含一些双重计费：航天飞机项目总共花费了1950亿美元，在135次任务中有36次前往国际空间站，每次任务的15亿美元成本也包括在这1500亿美元的国际空间站的总费用中）。尽管国际空间站在科学和技术方面成果卓著，但其投资回报远低于机器人执行的任务回报。正如我们的前辈所展现的那样，宇航员曾经给公众提供的鼓舞也正逐步减少。支持者可能会反驳说，这正说明了国际空间站曾经的成功。但现在，也只有发生在2019年的太空厕所故障，以及2020年加拿大宇航员克里斯·哈德菲尔德（Chris Hadfield）用吉他弹唱大卫·鲍伊（David Bowie）的歌这样的噱头才能成为新闻了。[5]

国际空间站提供的关于太空飞行如何影响人类的数据远远

超过那些飞越近地轨道之外的航程。尤里·加加林乘坐的"东方1号"于1961年在哈萨克斯坦发射升空，在他成为"人类进入太空第一人"之后的半个多世纪里，只有12人登上过月球。然而，这期间有来自41个国家的、人数是登月人数50倍之多的人完成了绕地飞行，并在太空中度过了共计5.7万多天，这些太空飞行者大部分是俄罗斯人（在太空中累计度过了约3万天）或美国人（在太空中累计度过了2.3万天）。瓦列里·波利亚科夫（Valery Polyakov）至今仍保持着在近地轨道飞行438天的最长单次纪录；排名第5位的斯科特·凯利（Scott Kelly）是一名美国参议员（也是第3位在美国参议院任职的宇航员），他在近地轨道上逗留了340天。当然，这两项纪录是在国际空间站上创造的，国际空间站的工作模式是7人常驻模式，即由7人组成工作小组长期在轨驻留，先后约有400名宇航员轮流在那里工作。[6]

上述内容反映出，无论是未来还是现在，人类在太空中的活动都将发生在近地轨道上，这一区域距离地球表面几百英里，除了稀薄的大气层，它也算是"高高在上"了。现代火箭水平近期取得的进步，无论是技术还是经济层面，更多来自私人而非政府项目，特别是埃隆·马斯克（Elon Musk）的太空探索技术公司（SpaceX），该公司已经开发出了回收火箭第一级巨大外壳以重复使用的技术。太空探索技术公司目前以每磅1250美元的价格向美国政府收取费用，用以向国际空间站运送货物。[7]尽管这个价格也许并不能反映真实成本，但太空探索技术公司的目的在于获得未来的政府合同，而且这的确是个比较容易记住的数字。该公司的"猎鹰"（Falcon）火箭的成功和美国国家航空航天局下一代太空发射系统（Space Launch System，简称 SLS）反复出现问题的窘境形成了鲜明的对比，该系统目前仍在开发中，其有效性仍存在疑问。[8]

总之，正如预期的那样，经验和宇宙地理使得进入近地空间相当可靠，而且比起前往遥远的太阳系天体，该费用相对不那么昂贵。尽管如此，我们仍有充分的理由相信，在近地轨道上进行的大部分活动无须人类亲自出马就能完成。[9]

虽然本章在后面将进一步探讨该结论的合理性，然而有三种例外情况不能忽视。第一，几乎所有旨在了解人类如何能更好地在太空生存的复杂实验，都需要在太空中进行。第二，观察人类在太空中行为的欲求，同样也需要在轨宇航员。第三，人类渴望的新收入来源以及更多有关太空的发展中产业——太空探险，本就需要人类前往太空。其中一些极限飞行可能仅涉及亚轨道飞行，也就是将参与者带到距离地球表面大约 60 英里的"太空边缘"，而那些提供近地轨道上完整体验的项目则更为丰富、昂贵和刺激。

然而，针对这些例外情况的反驳理由其实也很简单。对于第一种情况只需指出，把了解人类在太空中的表现作为将他们送入太空的理由是循环逻辑：我们决定这么做，那这么做就是必需的；如果决定不这么做，那该行为就可有可无。对于第二种情况的反驳，我们已在本书第二章中讨论过了。不过，对于第三种情况确实并没有什么有力的反驳理由：如果我们中有些人愿意为一次令人兴奋的经历付出足够的金钱，而且这种冒险被证明是可行的，那么就可能会有另一些人提供满足这种冲动的途径。反对观点则集中在与近地轨道有关的一般问题上，比如过度拥挤带来的风险可能会引发致命碰撞（当然，所有这些危险都会将随之而来的律师和保险法带入太空）。

失重在制造和科研方面的优势

迄今为止，数百名宇航员在轨道上总共度过了约 10 万小时，获得了人类如何在太空环境中生存、生活的详细知识。增进我们对太空生理学和生物学的了解，这件事本身有其合理性，因为这些知识与宇航员在未来太空栖息地的旅行和生活有着直接的联系。关于各种动物和植物在失重条件下如何生存的大量研究同样关乎宇航员，因为如果没有人类的存在，在太空中种植小麦或饲养动物的计划则毫无意义（唯一的例外是：在太空中生产用于地球的生物材料，这个话题涉及太空制造领域，稍后我们将对此进行讨论）。同样，在太空中制造那些为宇航员设计的物品，包括新一代改进型的 3D 打印机的关键部件，可以让宇航员在近地轨道工作时使用，而这些如果没有宇航员的存在也是毫无意义的。

除了人类的存在，在太空中制造晶体和其他材料是很有价值的，生产某种特殊的细胞培养也是如此。然而，所有这些能有效地证明对国际空间站的巨额投资是合理的吗？早在1990年，包括美国物理学会（American Physical Society）、美国化学学会（American Chemical Society）以及美国晶体学会（American Crystallographic Association）在内的14个科学组织就得出结论，他们认为，通过这种方式获得的实用科学知识并不能成为建造国际空间站的理由。然而，美国国家航空航天局仍毫不松懈地继续进行各项实验。他们尤其关注在失重条件下生长的蛋白质晶体，尽管美国细胞生物学会（American Society for Cell Biology）认为，这些实验并不太可能对我们现有的蛋白质结构研究做出重大贡献。

即便如此，在近地轨道上生产某种特殊材料还是很有意义的。一种缩写为"ZBLAN"的特殊材料为太空制造的优势提供了一个非常有力的佐证。[10] 这种在1974年被偶然发现的氟锆酸盐玻璃（ZBLAN glass）材料主要由氟和锆组成，同时含有少量的其他4种元素：钡、镧、铝、钠（这些化学元素单词的首字母参与组成了"ZBLAN"这一缩写①）。具有这些成分的玻璃不仅可以传导所有颜色的可见光，同时可以传导紫外线和部分红外光

---

① "ZBLAN"一词的5个字母分别对应了组成氟锆酸盐玻璃的5种氟化物：氟化锆（ZrF4）、氟化钡（BaF_2）、氟化镧（LaF_3）、氟化铝（AlF_3）、氟化钠（NaF）。——编者注

谱。经过适当加热，ZBLAN 可以制成比人类头发还要细的光纤电缆，这些光纤目前连接着数字世界的各个组成部分，每秒传输着数十亿比特的数据，跨越数千英里的距离。这些信号在传输过程中不可避免地会产生损失，因为没有哪种玻璃纤维能够提供完美的透明度。由二氧化硅组成的传统光纤电缆传输的信号，每英里的损耗是 ZBLAN 光纤传输信号的 100 倍。不过，制造 ZBLAN 光纤的过程比较困难，它需要将氟锆酸盐熔化，然后将其拉伸成又长又细的纤维，在玻璃纤维冷却过程中，它会形成一些微小的晶体，这些晶体会阻碍信号传输。然而，在失重状态下制造的 ZBLAN 材料显著降低了这些缺陷的发生频率。2019 年，一艘货运飞船携带手提箱大小的制造平台前往国际空间站，对这项关键的太空优势进行了操作测试。在 2 个月的时间里，亚拉巴马州的马歇尔太空飞行中心（Marshall Space Flight Center）的控制人员远程监督该平台的运行。之后，太空探索技术公司的龙飞船（Dragon）将这套设备和它在太空中制造的第一根光纤带回了地球。

这个例子表明，太空制造已经存在，而且可以在无人直接参与的情况下进行。对于 2019 年制造的 ZBLAN 光纤，宇航员必须接收制造平台，然后进行组装，返回前还要进行拆卸。然而，所有这些操作都可以通过比这台制造平台本身更加简单的自动化工序来完成。适用于 ZBLAN 光纤的制造方法同样适用于在太空中生产的其他材料：宇航员的存在并非不可或缺，而且一旦在制造过程中发生意外，他们的存在只会加大危险因素。

积极参与太空活动的其他国家

太空探索开始的前 50 年是由苏联、美国及其合作伙伴共同主导的，技术的进步，特别是开发成本较低的运载火箭的出现，使更多国家得以加入对近地轨道的空间探索。中国是最重要的新参与者，他们满怀雄心壮志，计划将航天员送上月球甚至火星。2021 年，中国宇宙飞船进入轨道；同年，火星车登陆火星。[①]除了以上这些国家和欧洲航天局（其中一些成员国以独立身份参与）发射的卫星之外，印度、以色列、伊朗、朝鲜和乌克兰也展示了其发射能力。然而，任何国家（或富有的个人）都可以购买这种能力，就像阿拉伯联合酋长国为了将自己的宇宙飞船发射到火星，从日本那里购买一样。本书在继续讨论月球和火星任务的内容时，也将谈及世界各地在太空探索尝试中取得的成果。对所有这些成果的分析将和我们对美国在这方面的分析类似（除了一些相关的法律层面内容可能例外）。

---

① 2021 年 4 月 29 日，中国空间站天和核心舱发射任务成功；2021 年 6 月 17 日，"神舟十二号"载人飞船发射成功，7 月 4 日，航天员圆满完成中国空间站首次出舱活动，同年 10 月 16 日，"神舟十三号"载人飞船发射成功；2021 年 5 月 15 日，"天问一号"探测器成功实现软着陆在火星表面，5 月 22 日，"祝融号"火星车已安全驶离着陆平台，到达火星表面，开始巡视探测。——编者注

太空创业者

太空探索领域的一个显著发展，是一些非常富有的个人成为主要推动者，他们尝试找到更有效的途径，将运载工具发射到太空。他们还致力于在不久的将来重返月球，将宇航员送上火星，以及在月球和富含金属矿物的小行星上获取资源。这些尝试提出了一个直接的问题：非官方参与者在太空探索中所发挥的作用有多大？同时这也触及了一个尚未获得答案的话题：文明如何最终决定不同国家、企业、资金充裕的组织或特定个人所扮演（或占据）的角色。

其中，3个人在建造私人太空探索飞船方面的尝试最为突出：埃隆·马斯克、杰夫·贝索斯（Jeff Bezos）和理查德·布兰森（Richard Branson）。20世纪90年代，他们每个人都是通过与一些有远见的企业密切合作从而声名鹊起的。马斯克生于1971年，在贝宝（PayPal）与他的金融服务公司合并时，他成了贝宝最大的股东，不久之后，亿贝（eBay）以15亿美元的价格收购了贝宝的股票。贝索斯生于1964年，他创办的亚马逊（Amazon）起初仅是一家在线书店，之后扩张到几乎所有电商领域。布兰森出生于1950年，他创立了维珍集团（Virgin Group），以航空和旅游业务闻名。

随着 21 世纪的到来，这些有着超级影响力的男性巨富，在他们各自的成就之外，无一例外地深度参与到宇宙探索之中。马斯克于 2004 年掌舵特斯拉（Tesla）汽车公司，并投身于电动车开发制造产业。尽管特斯拉数次濒临破产，他仍积极地不懈努力，直到公众对电动车的需求不断增长，马斯克本人也成为和杰夫·贝索斯、比尔·盖茨（Bill Gates）齐名的美国最富有的人之一。马斯克于 2002 年成立了美国太空探索技术公司，专门制造运载火箭。该公司生产制造的龙飞船和猎鹰飞船，成为美国国家航空航天局向国际空间站运送补给以及接送宇航员的主要运载工具。马斯克的最新超重型星舰（Starship）发射系统的目标是火星，他曾说过，他想在那里死去，"但不是死在着陆时"。马斯克的老朋友及合作伙伴史蒂夫·尤尔韦松（Steve Jurvetson）表示，马斯克相信，到 2035 年将有数千枚火箭向火星运送 100 万名乘客，并将那里建成一个可自我维持的星球。马斯克曾多次在公开场合充满乐观地宣布他的很多宏大项目，其中就包括推出特斯拉电动汽车。然而在兑现承诺的同时，他也面对着随之而来的挫折与喝彩。反对大规模移民火星的人则认为，在火星上建立一个百万人的栖息地，要比在南极或太平洋海床上建立一个同样规模的栖息地困难得多。

贝索斯的蓝色起源（Blue Origin）公司也同样专注于改进宇航员航天发射系统，与马斯克的火星移民不同，贝索斯的近期目标是建立月球定居点。2019 年他宣称："是时候重返月球了，而这次要留在那里。"2020 年，美国国家航空航天局的"阿尔忒弥斯计划"（Artemis Program）将一份价值 5.79 亿美元的合同给予了包括航空航天巨头洛克希德·马丁（Lockheed Martin）公司和诺思罗普·格鲁曼（Northrop Grumman）公司在内的蓝色起源集团，用以开发一种集成系统帮助宇航员登陆月球并返回地球。与马斯克在火星上大规模移民的愿景不同，贝索斯对未来的展望则是太空中自由漂浮的栖息地（本书第七章将对此加以详述）。在那里，即使某些重工业生产也能够在不污染其他星球的情况下进行。

理查德·布兰森为他的维珍银河（Virgin Galactic）公司制订的计划似乎更加温和，其目标仅是在大气层的边缘。然而，其计划能够允许那些冒险爱好者触及太空的边缘——那些通常被定义在距离地表 50—60 英里的区域。布兰森公司的"太空船 2 号"（Space Ship Two）在载机下飞行到大约 10 英里的高度，然后再通过火箭推进到 5 倍高的地方，在那里乘客将感受到大约 6 分钟左右的失重状态。2021 年 7 月，布兰森和另外 3 人首次进行了这种航行，这意味着在不久的将来，"太空船 2 号"飞行项目将对公众开放。与乘坐贝索斯的"蓝色起源"前往月球，或乘坐马斯克的星际飞船前往火星相比，布兰森的飞船价格会比较低，同时提供的服务也相对较少。然而，它可以使相对更多的潜在冒险爱好者去感受一些太空旅行的基本体验：在数分钟的失重状态中，伴随着绵延数千英里的地球壮观景象，逐渐隐入蜿蜒地平线之上的黑色苍穹。

太空冒险者将自己完全暴露在宇宙的危险当中。我们知道，无论是飞往月球，还是飞往距离百倍遥远的火星，距离越远的目的地，存在的危险就越大。现在，让我们用科学的分类法来一点点地分析太空飞行，这些危险存在于 2 个泾渭分明的区域：飞船的内部区域和外部环境。

舱内的危险

在宇宙飞船中，宇航员必须应对失重状态，这种状态在我们的进化过程中从未经历过，而且除了自由跳伞、定点跳伞和特殊情况下，这种状态在地球上是完全无从获得的。

存在于宇宙飞船内部的问题可分为两类：心理问题和生理问题。心理问题对于太空探索者或地球上的潜艇人员来说再熟悉不过了，这一问题大多出现在长期被限制在有限空间内的少数群体之中。苏联宇航员瓦列里·留明（Valery Ryumin）曾 2 次在近地轨道上工作过 6 个月，在自传中他引用了美国作家欧·亨利（O. Henry）在短篇小说中的话："如果你想煽动过失杀人的'艺术'，那就把两个人关在一个'18 英尺 ×20 英尺'的小屋里 1 个月。人性是完全承受不了的。"[11]（作为反资本主义者，欧·亨利是苏联最受欢迎的作家之一。）一项对"和平号"空间站上的俄罗斯和美国宇航员的研究发现了一个部分解决方案，这对在地球上工作并承受很大压力的人们来说也是很熟悉的："将机组人员的紧张和负面情绪转移给任务控制人员，再由任务控制人员转移给管理层。"换句话说，向老板抱怨可以部分缓解紧张情绪。这种方法对于在近地轨道上工作的宇航员比长期远途航行的宇航员要更为有效，研究发现："造成后者负面情绪的原因包括机组成员责任增加、对技术资源的依赖更大、与地球的通信延迟、孤立和单调程度提高，以及视野中不见地球的孤寂浩瀚宇宙。"

很多宇航员在返回地球后出现了一些不良反应，包括焦虑、抑郁、酗酒和婚姻问题，在某种情况下甚至需要接受心理干预和精神类药物治疗。第二位踏足月球的宇航员巴兹·奥尔德林在回忆录中详细描述了他经历的问题，当然这些问题可能部分源自盛名之后的空虚感。

航天飞行中所涉及的生理问题比心理问题更为突出。这些问题包括航天器在起飞加速瞬间对身体的压力，这个压力值是正常重力的数倍，而这种压力在返回地球时也会出现。在近地轨道上还会出现一些更为严重的问题，因为宇航员需要应对各种挑战，有的是短暂的，有的是持续性的，而这些挑战大多来自同一个原因——失重。在近地轨道上的宇航员处于自由落体状态，这多少类似于跳伞者的体验，但宇航员是围绕地球下落而不是朝向地球坠落。因为体重是由地球引力所决定的，而宇航员的实际体重并没有改变，所以"失重"一词并不够准确。"零重力"是一个更加糟糕的术语，其字面表达的意思是重力在宇航员身上消失，然而实际上消失的仅是那种被重力下拽的感觉。

失重对人体的无数影响在火箭发射几分钟后就开始显现。科学家兼宇航员迈克·马西米诺（Mike Massimino）曾两次进入太空执行修复和升级哈勃空间望远镜的任务，他讲述了其中的一些影响。

你对运动的感知完全乱套了，起初你陷入一种抓狂和失控的感觉中……你感到恐惧，非常恐惧……首先发生的是液体转移。我们的身体里有大量的液体：血液、血浆、水、黏液等。在地球上，重力将它们保持在下方。而在太空中，它们则不受约束地涌到我们的头上……然后就是恶心。"胃部不适"是形容这种感受的书面说法……你活动得越频繁，这种不适越强烈……太空中没有上下之分……因此，无论是旋转还是翻跟斗，你都感觉不到这种旋转或上下颠倒，你所感觉到的是房间在你身边旋绕和翻转，而你却完全静止不动，这将导致你会经历此前从未经历过的最糟糕的眩晕和呕吐。几天后，你就习惯了。[12]

这里说的"习惯"，仅指宇航员的感知层面，而这种体验仍然会造成长期的身体问题，它们通常不会被诊断出来，直到他们重返地球重力环境。一些问题会影响所有宇航员，而另外一些只会出现在半数或更少的人身上。长期生活在失重环境中，会导致肌肉和骨质流失，这些可以通过定期锻炼来部分避免。然而，实际骨骼退化也会发生，而且很难恢复。此外，失重还会改变人类的心血管功能、红细胞的生成以及视力状况（宇航员患早发性白内障的可能性更高）。在太空中经常会出现睡眠困难，这主要是因为熟悉的地球昼夜循环被打乱了。包括凝血问题在内的各种严重的血液流动并发症，已经影响到了国际空间站上的一些宇航员。我们已经知道，失重会导致宇航员的大脑在头盖骨内的位置发生轻微变化。随着太空中宇航员人数的不断增多以及人类停留时间的延长，关于这些问题的数据也在不断增加。

舱外危险：宇航员面对的宇宙风险

任何到达地球大气层和磁场之外的人都会遭遇严酷的宇宙环境。原子核流，尤其是质子流，会不断轰击宇宙飞船，宇航员需要受到保护。我们的地球，大气层和磁场阻挡或转移了不断袭击我们这个星球的大部分亚原子粒子。然而，像军用和民用飞行员或空乘人员这样的人群则更容易受到伤害，在35000英尺的高空飞行5个小时以上所遭受的辐射，相当于做1次胸部X光检查的。

这些粒子流有 2 个不同的来源：太阳和宇宙。太阳生成稳定的高能粒子流，俗称"太阳风"——主要由质子、电子和氦原子的原子核组成。地球上的生命在进化过程中变得能够承受少量到达地表的入射粒子流，但有时太阳会产生由能量更大、更危险的亚原子粒子组成的巨大粒子云。这些日冕物质抛射（Coronal Mass Ejections，简称 CMEs）通常以太阳耀斑发出的火焰光芒为标志，从太阳日冕中爆发出来，日冕是太阳表面高度稀薄的温度极高的可燃气体层。虽然日冕物质抛射的粒子速度可达每小时数百万英里，但射向地球的粒子需要几天才能到达，它们会破坏地球的无线电通信和电网，同时也会产生令人叹为观止的极光现象。因此，宇航员在太空中需要厚重的保护以避免严重的伤害甚至死亡。

太阳耀斑发出的光只需 8 分钟就能到达地球，天文学家通过观测可以对近地轨道上的宇航员发出预警，使他们对即将到来的粒子"风暴"有足够的准备并及时返回地球。计划去月球或更远的地方则需要不同的措施，除非祈祷在航行中不会发生日冕物质抛射，否则就要为飞船配备厚重的防护（当然，防护的重量都将对飞船的能耗产生影响）。

在太阳系之外，太空中充满了"宇宙射线"，这一赋名来自历史偶然，但无法客观地反映其本质。宇宙射线由固体粒子组成，产生于银河系和整个宇宙中的恒星爆炸。几乎所有这些粒子都是最常见元素的原子核，它们中的大部分由单个质子（宇宙中最常见的元素氢的原子核）组成，还包括宇宙中含量第二的氦元素原子核和其他大质量核子：主要是碳、氮、氧和铁。高能粒子通常比低能粒子更稀少，这是一种比较幸运的情况，因为高能粒子意味着更大的破坏力。以兆电子伏特（MeV）即 100 万电子伏特为计量单位，普通太阳风粒子的能量约为 1/1000 兆电子伏特。太阳风暴粒子的能量接近 1 兆电子伏特，日冕物质抛射的粒子能量为 10—100 兆电子伏特。宇宙射线粒子可能是最具破坏性的，它们的能量在 100—1000 兆电子伏特间。因此，这些粒子的能量差高达 100 万倍。每一个能量为 1000 兆电子伏特的宇宙射线粒子到达地球，就有超过 10 亿个普通粒子通过太阳风到来。

失去了地球大气层的保护，太空中的宇航员面临着太阳风和宇宙射线粒子的持续围攻，日冕物质抛射更是增加了危险的可能。以 X 射线和伽马射线形式存在的高能太阳辐射（同样在很大程度上被我们的大气层阻挡）也造成了额外的风险。然而，航天器的外部，尤其是受聚乙烯材料的保护，对阻挡这些无质量的光子就能提供有效的屏障，宇航员只有在舱外短时间逗留（太空行走）时才会需要防护装备。与 X 射线和伽马射线相比，高能粒子的穿透力要大得多，它们可以穿过数英寸厚的固体防护层（当然这取决于能量的大小）。当这些粒子撞击人体细胞中心的分子时，将引发基因突变，增加患癌症的风险，其中最常见的有肺癌、结肠癌、乳腺癌、肝癌和胃癌。

长期以来，美国国家航空航天局一直很重视降低宇航员在大气层外的风险，最直接的方法是控制宇航员在太空轨道上的时间，从而将其患癌风险保持在预定水平以下。美国国家航空航天局当前的目标是确保宇航员因太阳风和宇宙射线粒子而患癌症造成的死亡率不超过 3%。仅凭一些理论上的分析以确定这个结果显然存在很多弊端。不过，现在大量宇航员的精确数据已经有据可查。2019 年一项对 418 名俄罗斯、欧洲和美国宇航员进行的研究发现，在他们进入太空轨道平均 24 年后，近 30% 的死亡是由癌症造成的。[13] 研究人员表示："我们仍然未能找到足够的证据证明，宇航员曾经遭受的太空辐射量是构成他们高死亡率的直接原因。然而，值得注意的是，未来的深空探索任务可能要面对比过去大得多的太空辐射量，这将导致未来宇航员面临不同的风险状况。"

另一个风险：近地轨道会变得拥挤吗？

所谓的近地轨道是那些宇宙飞船最容易到达且在许多用途上都很有价值的轨道区域，所以它是各类卫星的首选居所。这些卫星被用于军事、气象观测，以及对地球的陆地和海洋进行考察研究。现在又新增了数量更多的小型卫星，用于信息数据传递、监控，以及向偏远地区提供快速宽带服务。

小型化技术的进步和经济情况的变化使得发射小型卫星链（1 枚火箭可搭载多达 100 颗卫星）成为可能。这些卫星使加利福尼亚州的星球实验室（Planet Labs）等公司能够获得整个地球的每日图像，其分辨率足以展示道路交通、建筑工地、土地使用及相关信息。这在不久的将来还会更为先进，正如太空探索技术公司设想的那样，他的"星链（Starlink）计划"将在近地轨道上放置多达 4 万颗卫星，以创建一个增强全球宽带通信的网络。[14] 包括亚马逊在内的其他公司也宣布了类似的计划。总之，这些都是令人兴奋的进步。当然，如果能够在包括非洲的其他尚未实现互联网连接的地区建立互联网覆盖，则更加让人振奋。

当然，毋庸置疑，这样的项目同时也存在不利层面：对卫星的海量需求远超迄今为止发射的卫星总数，这将严重干扰天文学家对宇宙的观察。它们在天空中约占 4 万平方度[1]。如果将一枚硬币放在一臂距离外，它所覆盖的即为 1 平方度。想象每一片这样的天空中都有一颗移动的亮点，在日出前或日落后，阳光从观察者前方地平线上空数百英里高的轨道上那一颗颗卫星之间，闪烁而出或逐渐隐没。在这两个时刻，天文观测者就会发现，天空中有成百上千个移动的亮点，增强了那些他们熟悉的星星的亮度。对观察单个天体的专业天文学家而言，这些"无

---

① 立体角单位。在半径为尺的球体上，若取面积为"πR×πR/(180×180)"，则它对圆心的夹角为 1 平方度。——编者注

赖之光"尚且可以忍受，但它们对一些持续观测大片天空的工作将造成巨大障碍，这些工作是为了搜寻诸如恒星爆炸或更为罕见的宇宙爆炸之类的瞬间事件。当人造卫星捕捉到太阳的光线并向镜子一样反射时，尤其容易产生视觉混乱，当反射到天文望远镜，光束就仿佛是深空的爆炸。这种困扰尤其会妨碍我们将在本书第六章中探讨的寻找小行星的工作。

此外，天文学家开发出灵敏的仪器来探测和分析微波辐射，这部分光谱的波长与我们熟悉的厨用电器所使用的波长相似。微波揭示了有关那些年轻恒星和原行星如何形成的细节，以及组成它们的原子和分子类型。微波还传输来自人造卫星的上行链路和下行链路数据，因此，大批的人造卫星夜以继日地高效"污染"着这部分频谱。天文学家们小心翼翼地将他们的射电望远镜（包括那些设计用于研究微波的射电望远镜）安置在那些不受无线电干扰的区域，然而没有任何望远镜可以避开大量人造卫星传来的微波（唯一的例外是月球的背面，这里是一个放置望远镜的绝佳地点，这将在本书第四章中具体讨论）。

大量人造卫星的存在产生了非常明显的两面性影响。在全球范围内提供宽带服务是其最大的优点。创造出这些成就的大型企业很清楚在近地轨道上游弋着这些人造卫星所可能带来的问题，并试图通过对人造卫星表面进行黑暗处理以及仔细选择传播波长来尽可能地减少这些问题。这些成就意味着那些大企业自向公众推广近地轨道大型广告之后的巨大进步。然而，我们也要记住，这些成就的受益者不仅限于天文学家和天文爱好者们。夜空中的"天穹"为我们提供了人类共同享有并叹为观止的唯一环境特征，有了城市的灯光，我们已经逐渐减少了对星星们的依赖，我们应该反对任何继续弱化它们的事——就像禁止在国家公园中竖立电话线和使用过亮的照明设备一样。

　　小型人造卫星数量的激增将不可避免地造成其相互之间的碰撞，与现存的太空垃圾共同形成破坏性影响。2009 年，一颗通信卫星与一颗报废的俄罗斯卫星相撞，产生了近 2000 块直径至少在 4 英寸以上的碎片，以及数千块更小的碎片。这些太空垃圾中的大部分将在近地轨道存在很久。[15] 不断增长的人造卫星数量还有可能产生"凯斯勒效应"（Kessler effect）——这是以美国国家航空航天局太空碎片专家大卫·凯斯勒（David Kessler）的名字命名的，他预测这些碰撞的残余物之间若再次碰撞将产生更多碎片，而这些碎片又会聚在一起形成级联效应①。[16] 凯斯勒效应模拟了当前海洋垃圾的情况，这些废弃物相互作用，进入一个分形过程，继而产生出更小的金属和塑料颗粒。尽管 3/4 的海洋垃圾是由直径大于 2 英寸的颗粒组成（虽然要付出巨大努力，但这些垃圾仍有可能被回收），然而余下 25% 的垃圾大多是小于 1/25 英寸的塑料微粒，这让从海洋中完全清除它们的可能

---

　　① 级联效应常见于航空学、医学、生态学，是指由一个动作影响系统而导致一系列意外事件发生的效应。凯斯勒效应也称"碰撞级联效应"。——编者注

变得微乎其微。[17]大太平洋垃圾带（Great Pacific Garbage Patch）中漂浮的数以万亿的垃圾中，有95%由这些细小的微粒组成，这个垃圾带位于北美和日本之间的北太平洋。

在开发出令人满意的清理技术之前的数十年里，凯斯勒效应可能会使近地轨道变得困难重重甚至不能利用。这个问题既影响宇航员，也对人造卫星产生威胁，它提醒着我们：人类的进步也会产生一些意想不到的后果。当宇航员在比如今已经熟悉的近地环境更为遥远的外太空航行时，我们也应牢记这个法则。当然，我们要从首次登月半个世纪后的重返月球之旅开始谈起。

第 四 章

月

球

几个世纪前，一个天文学家仰望月球，试图解开一个恒久的谜团：天体的本质。日趋丰富的观测结果最终表明，月球并非哲人们想象的那个完美无瑕的球体，它在根本上和地球相似，是一个外表皱皱巴巴的固体圆球。1609 年，当伽利略·伽利雷（Galileo Galilei）将他的第一台望远镜对准月球时，他立刻注意到了月球表面的凹凸不平，现在我们已经了解到，这是经年累月形成的，月球的历史不是永恒的完美。虽然伽利略误将月球上广袤而黑暗的冰冻熔岩平原称为"海"，但这同时也向我们展示了一个时刻变化的世界。伽利略认为，如果月球和地球相似，那么其他行星也应该如此。

　　因为对月球表面进行了详细的了解，太空航行自然聚焦于这个我们最近的天体邻居。被誉为"世界上第一批科幻小说之一"的《梦游记》（*Somnium*）出自和伽利略同时代的伟大作家约翰尼斯·开普勒（Johannes Kepler）笔下，但这本书直到开普勒去世后方得以出版。书中的主人公在梦中来到莱瓦尼亚（Levania，在希伯来语中，该词让人联想到满月时的白色光亮），也就是月亮，在那里他发现月球上一半的人口因为居住在始终背对着地球的那面，因此从来没有机会看到我们这颗蓝色星球。在开普勒时代之后的一个世纪中，艾萨克·牛顿（Isaac Newton）和其他天文学家认识到，这颗地球的天然卫星直径只有地球的 27%，体积仅为地球的 1/50，质量是地球的 1/81。

为何登月？

从天文学角度看，月球在我们的"后院"绕轨道运行；火星和金星与我们的距离则约有地月距离的 100 倍之遥。作为夜空中最为炫目也是唯一能用肉眼看到其表面的天体，月球有着无穷的魅力，自从开始观察天空以来，人类就一直对月亮怀有无限神往。因此，无论是想象还是付诸行动，月球自然成为我们太空航行的首个目标，而且自从太空航行伊始，月球也始终是一个主要目标。

在宇航员首次登月 50 多年后的今天，出于至少 6 个相互关联的不同目的，月球再次向我们发出了召唤：

- 研究太阳系的形成和早期历史；

- 建立月球定居点和远途航行基地；
- 建造天文台；
- 发现和利用月球土壤中的水；
- 获取有价值的月球物质（尤其是氦的稀有同位素氦-3），以及用于月球上建造的材料；
- 将月岩带入太空，建造可以让成千上万太空移民生活的悬浮定居点。

前4项工作将完全在月球表面进行；几乎可以肯定的是，第5项任务的目的是将氦-3带回地球；第6项则是一个更为远大的未来计划，本书第九章将对此展开详细讨论。对这些月球项目进行更详细的研究，对每个项目来说，可以让我们思考宇航员的价值及其带来的成本效益到底有多重要。

对月球表面的详细研究

与太阳系其他天体一样，月球表面持续吸引着天文学家和地质学家的注意，他们计划尽可能比地球更为详尽地了解熔岩平原、沟壑、山脊、丘陵、山脉和月志学的其他方面，目的是揭开这颗卫星之所以表现为当下形态的来龙去脉。月球所有特征的本质原因，以及天文学家对这些特征感兴趣的主要原因均集中于它们的年龄。在地球和月球形成后的最初 1 亿年左右的时间里——即 46 亿年之前，两个星球都受到了那些构成自己的物质的残余部分的撞击，这些撞击产生的热量熔化了其表面岩石，从某种意义上说，正是此举完成了它们各自的构成。在撞击的物质耗尽之后，冷却了的月球表面那种明暗交替的样子就形成了西方人眼中的"月中人"（Man in the Moon）和东方神话传说中的"蟾宫玉兔"。这些地区连同月球表面的其他部分，在 30 亿—40 亿年的时间里一直处于冰冻状态，几乎没有发生什么变化，这为我们提供了反映太阳系早期历史的全月球原始记录。在那几亿年间，体积大得多的地球发生了板块运动、风化作用、海洋变化等自然现象，而这些现象掩埋或破坏了相应的地质痕迹。

在苏联和美国"太空竞赛"的初期，两国都投入了大量的资金和精力去完成将人类送上月球并安全返回的任务。"阿波罗号" 6 次登月任务的成功，使人们忽略了在此之前无人航天飞行取得的成果，而正是这些成果才使得宇航员着陆成为可能，并在随后 50 年中得以持续进行其他登月活动。

近距离月球探测始于 1959 年，当时的苏联和美国各自发射了航天器飞过月球。此后的几年间，超过 50 个自动探测器飞越了地月分界线；其中一些探测器完成了绕月飞行或完成了月球表面着陆。由 5 个国家和欧洲航天局制造的月球轨道探测器已经绘制了详细的月球表面地图。这些月球轨道探测器分别是：美国国家航空航天局的月球轨道探测器（Lunar Orbiter，1966—

1967 年）、"克莱门汀号"（Clementine，1994 年）、"月球探勘者号"（Lunar Prospector，1998—1999 年）、月球勘测轨道飞行器（Lunar Reconnaissance Orbiter，2009 年至今）、7 台苏联月球计划（Luna program）探测器（1966—1974 年）、欧洲航天局的小型先进技术研究任务-1 探测器（SMART-1，2004—2006 年）、日本的"月亮女神号"（Selenological and Engineering Explorer，简称 SELENE，2007—2010 年）、中国的"嫦娥一号"（2007—2009年）以及印度的"月船 1 号"（Chandrayaan-1，2008—2009 年）。[1]

相较于进入月球轨道，安全登陆月球所需的要求更高。1966 年，苏联的"月球 9 号"（Luna 9）实现了月球首次软着陆［比美国的"探测者 1 号"（Surveyor 1）领先了 4 个月］，从探测器的编号可以看出之前失败的次数。改进后的探测器将月球土壤样品带回地球，它们分别是"月球 16 号"（Luna 16，1970 年）、"月球 20 号"（Luna 20，1972 年）、"月球 23 号"（Luna 23，1974年）和"月球 24 号"（Luna 24，1976 年）。在中断了 40 多年后，俄罗斯重启了"月球计划"并于 2021 年 10 月发射了"月球 25号"（Luna 25，1976 年），加入寻找月球表面下冰的激烈竞争中。1969—1972 年"阿波罗号"登月之前，美国国家航空航天局总共发射了 5 颗"探测者"探测器。在此之后，美国国家航空航天局仅向月球轨道发射过飞船。[2]

2003 年，"嫦娥三号"将中国首个月球车送到月球。2018 年，"嫦娥四号"在月球背面实现了中国首次软着陆。这艘飞船携带着一个改进的太阳能驱动的月球车——"玉兔二号",打破了此前月球车的最长使用寿命记录。2020 年 12 月,中国的"嫦娥五号"着陆月球,带回了 44 年来的第一份月球土壤样品。[①]

作为月球探测计划的一部分,很明显,中国计划在不久的将来把宇航员送上月球。[②]当然,美国的"阿尔忒弥斯计划"也将紧随其后。正如本章将要讨论的,是将月球用于载人火星航行的中转站,还是作为宇航员探索的目的地的争论仍在继续。

将月球物质带回地球

支持宇航员对月球进行深度探索的人们认为,人类在太空探索的最大成就来自月球表面:选择带回地球的月球岩石,发掘月球的橙色土壤。这两项成就都是半个多世纪前创造的,并值得获得今天的认可。了解月球的科学动机长期以来都聚焦于分析月球岩石和土壤样品,以认识它们的组成和形成的内在历史成因。由探测器以及"阿波罗号"宇航员带回地球的大量月球样品,成了之前半个世纪月球探索在科学方面的光辉业绩。

在与"阿波罗号"宇航员探索月球并带回样品进行研究的

---

① 2024 年 6 月,中国的"嫦娥六号"完成世界首次月球背面采样和起飞。——编者注
② 中国计划在 2030 年前实现中国人首次登陆月球。——编者注

同一时期，苏联的机器人宇宙飞船已经完成了首次全自动样品采集并返回地球。20 世纪 70 年代初期，苏联的 3 次月球任务每次都在月球土壤钻掘约 14 英寸，将其放入太空舱并带回地球。出于安全考虑，它们通过减速伞将这些珍贵的样品空投到哈萨克斯坦。3 次任务总共带回 11.5 盎司（约 325 克）的月球样品。

从"阿波罗 11 号"首次登月带回的 49 磅月球物质，到"阿波罗 17 号"最后一次登月带回的 211 磅样品，6 次"阿波罗号"登月共带回了大约 845 磅——约为苏联所带回月球物质的 1200 倍。如今，一些月球物质在市场上以令人咋舌的高价公开出售，这主要是因为私人拥有这些月球物质在美国仍是非法的（除非它们是你自己在月球上获取的）。然而，月球物质撞击地球形成的陨石则完全属于合法的范畴。在这两种情况下，证实和证伪都很困难。

2020 年 11 月，在苏联的"月球 24 号"（Luna 24）将月球物质带回地球 44 年之后，中国发射了"嫦娥五号"，目的是收集更多的月球样品。在"嫦娥四号"成功软着陆月球背面一年多之后，"嫦娥五号"通过采样返回系统，收集了大约 4 磅的月球物质。这个采样返回系统在月球轨道上与另一艘航天器会合，用这种方式将月球物质转运回地球。2021 年，对这些物质的研究显示，它们出人意料的年轻——仅有 20 亿岁，而大多数月球岩石的年龄为 40 亿岁。

一方面，通过"嫦娥五号"获得的月球样品总量比过去 3

次月球任务增加了 6 倍（然而，这也仅为"阿波罗计划"中人类采集的月球样品的 1/200）。另一方面，更重要的是，人类在识别和选择月球样品方面表现出了明显胜过机器的优势。在考量未来月球、火星和其他小行星的样品采集工作时，月球样品采集的过往经验充分证明了人类宇航员的优势。要改变这个观点，前提是必须能够做到：未来的航天器能够识别重要的岩石，甚至超过人类在这方面的能力，至少在"成本—效益"的分析上是这样。这个结论还有待拓展，同时，我们也需进一步考察人类智慧在这个天体近邻上发挥的作用，即在月球上开采橙色土壤。

月球橙色土壤的发现

在训练有素的地质学家哈里森·施密特（Harrison Schmitt）踏足月球表面之后不久，科学家们于 1972 年 12 月在月球实地勘探方面取得了超前的成功，当时正值最后一次"阿波罗号"登月任务期间。在"阿波罗 17 号"飞行员尤金·塞尔南（Eugene Cernan）的陪同下，施密特驾驶着电池月球车，来到了一个直径约 120 码 ① 的小洼地——肖蒂环形山（Shorty Crater）。也就是这个发现让施密特声名远扬，并在 4 年后帮助他获选美国参议院

---

① 1 码约合 0.9 米。——编者注

议员。（6年后，施密特的对手拒绝让他连任，并质疑道："他近期还为你们做了什么贡献？"）

当施密特和塞尔南驻足火山口边缘考察一块岩石时，他们突然发现了一种橙色的土壤，这种土壤对那些从事岩石和土壤研究的专业人士来说非常熟悉，以至于施密特兴奋地对着无线电通信设备说"简直像极了氧化的沙漠土壤"，还大叫道："找到了，橙色的！"在地球上，富有水蒸气的火山喷发产生了地球上大部分的氧化岩石。橙色土壤连同其他240磅月球样品被带回地球后进行了分析，被证实是火山喷发形成的，并且已经存在了37亿年。[3]之后持续的研究更加证实了这个结论——如今干涸的月球曾在太阳系存在初期存在过水。

宇航员栖息地和探索基地的月球水源

存在于月球岩石，尤其是靠近月球两极岩石中的水，可以为未来的月球探索者提供至关重要的水资源，以及为进行更远的太空探索提供补给。天文仪器和观测技术的改进使得自动化航天器能够更详细地了解月球的信息，并极大增强了使设想成为现实的可能性。1994年，美国国家航空航天局的"克莱门汀号"宇宙飞船在月球轨道上航行了2个月，使用7种不同的仪器对月球进行了测量，并对包括月球背面和两极等表面地区进行了考察。

在距离地球较近的区域，会受到大气层的红外阻挡效应影响，因此，索菲亚（SOFIA）高空飞机必须比普通商用民航飞机飞得更高，它证实了月球表面有水存在的痕迹。2008年，印度空间研究组织（India Space Research Organization）的"月船1号"航天器，通过使用美国国家航空航天局提供的成像光谱仪发现，月球南极附近一些陨石坑壁和地面上存在水冰光斑。[4]这一发现于2009年美国国家航空航天局的月球陨坑观测和遥感卫星（Lunar Crater Observation and Sensing Satellite，简称LCROSS）按计划将其助推火箭撞向月球南极表面后得到了进一步证实。轨道航天器对溅起物质的羽流进行了分析，发现其中含有水分子。

伴随月球缓慢自转，其表面大部分地区在高于水沸点的温度下炙烤两周，然后进入两周黑夜，如此交替，而黑夜中的月表比地球上任何地方都要寒冷数百度。然而，阳光永远不会触抵月球两极附近陨石坑的内部，这些陨石坑壁阻挡了持续但角度极低的阳光照射。那里的土壤和底土温度保持在华氏400度[①]以下，形成了超冷超硬的冰，与冥王星表面的冰类似，而冥王星的轨道距离太阳的轨道是地月距离的40倍。超冷的月球冰使月球南极成为一片备受关注的地方，因为对计划在月球上长期驻留的宇航员来说，这一资源价值无限。

但现在的问题是我们尚不知晓有多少冰储量，以及提取它

---

① 约合204.4摄氏度。——译者注

们是否容易实现。

中美两国都计划对这种超冷冰进行考察，具体做法是利用航天器钻入月球土壤，提取冰的样品带回地球。中国宣布"嫦娥五号"后续机器人将从月球极地带回岩石样品。2022年，美国国家航空航天局计划向月球南极发射两个着陆器，并在2023年年底发射挥发性物质极地探索漫游车（Volatiles Investigating Polar Exploration Rover，简称 VIPER，也称"毒蛇"月球车）①，它能够在月表之下发现冰，而且其钻入深度能达到1码。[5]

确认了月球表面存在大量的冰将引发很多问题：埋藏在那里的冰的储量是多少？它们的使用权归属于谁？能够对其开发多久？冰中所含的氧原子对火箭液体燃料和人类呼吸所需的氧气具有很大价值，否则火箭的液体燃料必须从更深的地球引力势阱中运送。

另外，我们如何在利用这些冰的同时，不破坏其在科学研究中的重大价值，即蕴含在其中的历史记录呢？正如前文提到的，地球的板块构造和气候变化已经破坏了地球在这方面的地质记录，而仅保留下一些年龄超过40亿年的岩石，这给试图揭开地月系统早期历史秘密的行星科学家造成了很大的障碍。但月球缺乏自然侵蚀和构造运动，因而保留了表面的历史记录。

---

① 该月球车项目最初计划于2023年年底发射，但其计划发射日期先后被推迟至2024年年底、2025年9月。2024年7月17日，NASA宣布由于成本超支等原因取消该项目。——编者注

因此，天文学家有理由相信，这些记录包含了回答一系列重要问题所需的佐证：地球和月球是如何获得水的？水是从彗星撞击中获得的还是来自火山喷发，抑或来自太阳风粒子？虽然月球没能保留其大部分原始状态的水，但这些残留的冰可能会揭开水的起源之谜。我们是否应该确保那些提取月球冰的人不会过度破坏它，以至于我们无法获取其中长期蕴藏的信息呢？我们又该如何实施必要的规则呢？后一个问题将在本书第九章有所探讨，答案是（剧透警告）……没有答案。

月球资源决定了定居点的最佳位置

本书第三章谈到的人类在太空中受到的危害，在月球表面同样存在。月球表面缺少地球大气层和磁场对人类的保护，它们可以有效阻挡或转移进入的高能粒子，失去这二者，就需要厚厚的岩石或金属来阻隔高能粒子。月球表面丰富的岩石可以作为庇护所或更大建筑物的建筑材料。除了岩石之外的其他原材料也都可以从月球外层的金属矿石中提取，虽然储备不似地球上那么丰富，但月球表层含有大量的铁、铜、镍以及其他金属矿石可供勘探和开采。

除了蕴含的冰和金属矿石外，月球极地的一些环形山还拥有一种太阳系中罕见的资源：固体表面几乎恒常的光照。在月球的南极，环形山边缘的一些区域几乎永远沐浴在日光中，这和地球两极每年约有半年的极昼现象类似。不同的是，虽然地球自转轴的倾斜使那些赤道以外的地区在一年中的日照时间有长有短，但月球的自转轴几乎没有类似的倾斜，而是始终"保持直立"，因此月球表面没有大幅季节变化。月球南极的太阳极点（温度变化远小于其他地区）被认为是安装太阳能采集器的理想位置，它们可以为月球基地提供太阳能，同时便于从附近陨石坑底部开采冰。一个半世纪前，天文学家、高产作家卡米耶·弗拉马里翁（Camille Flammarion）将它们命名为"永昼峰"（Peaks of Eternal Light）。现在，它们有可能成为"永争锋"，因为，冲突不仅发生在国家之间，也发生在对立的企业家之间。例如，13 英里宽的沙克尔顿陨石坑（Shackleton Crater）的内部位于月球南极附近的永久黑暗中，而其 2.5 英里高的边缘部分却几乎一直沐浴在阳光中。[6] 本书第九章将讨论如何在地球之外订立活动准则，使其能够更有效地处理领土（此处更准确的说法应该是"月土"或更简单直接的"月球"）问题，因为这些问题很可能引发冲突。

月球背面：最好的观测点

正如月球的两极蕴含着丰富的可供人类开采的宝贵资源，月球背面也为天文研究提供了两大优势。首先，它提供了一个坚实的表面，可以在上面建造大型仪器来收集光、无线电波和所有其他类型的射线，这些都会为如饥似渴的天文学家带来丰富的宇宙信息。其次，它为射电天文学家提供了特殊的优势，日趋灵敏的接收器现在可以在地月距离上探测到单个移动电话发射的信号，因为月球的体积可以保护它上面的望远镜不受附近地球产生的大量射线的影响。在一些天文学家的未来计划中，月球背面（"月之暗面"这一流行的叫法其实并不准确，因为月球的所有侧面都会在阳光下照射两周，然后在黑暗中度过两周）越来越重要，以至于其中谴责宇航员被用于太空中其他任务的那一部分人，对在月球背面建观测站也网开一面。即使是这样的观测站，在不久的将来也完全有可能由那些能力强大的机器人建造出来。

2020 年，萨普塔希·班迪奥帕迪亚雅（Saptarshi Bandyopad-hyay）提出了"1 公里宽"射电望远镜的基本概念，它将建造于月球背面的一个陨石坑中——其形状能够让支撑系统更易建立。在地球上，最大的单镜面射电望远镜——直径 300 米的阿雷西博（Arecibo）于 2020 年倒塌。而中国的 500 米口径射电望远镜——天眼（Five-hundred-meter Aperture Spherical radio Telescope，简称 FAST），则坐落在天然石灰石碗状山体中。射电天文学家梦想着越来越大的仪器，不仅是因为能从微弱的信息来源中获得电波，而且除非反射器的直径是波长的很多倍，否则就无法很好地观察长时低频的无线电波。这一概念是由班迪奥帕迪亚雅提出的，他是位于加利福尼亚州帕萨迪纳的喷气推进实验室（Jet Propulsion Laboratory）的机器人技术专家，该实验室在超过 65 年的时间里，在探索太阳系航天器的设计、制造和指导方面一直发挥着主导作用。金属丝网反射天线将由爬壁机器人安装。[7] 一旦投入使用，这个直径 1 公里的天线可以接收到宇宙中早期原子氢（宇宙中最常见元素）发射的无线电波，宇宙膨胀如今已经将这些无线电波波长拉伸到 10 米—50 米间。如此波长的无线电波就需要一个巨大的接收器才能够被精确接收到。

另一种类型的射电望远镜，是将一定量的小型天线分布在广阔的区域，并通过对每个天线接收到的信号进行组合和分析。天文学家可以制造出一种干涉仪，这种干涉仪使用一种三角测量法，其产生的图像与来自单个天线接收的图像一样清晰和全面。地球上，天文学家也在建立这种类似的抛物面天线群，最雄心勃勃的就属平方千米射电望远镜阵（Square Kilometer Array，简称 SKA）项目，它将在西澳大利亚和南非的荒凉地区分散布置数十个天线，其占地总面积相当于 1 平方公里。[8] 通过电子连接的 SKA 制作的无线电地图，其细节分辨率相当于一个地球大小的接收器制作出来的地图。用不了多久，由机器人建造的类似天线阵，即便在月球的远端应该也不再是幻想，而且还能通过天线阵上方同步轨道上的人造卫星，向地球传送观测结果。

氦-3：氦的同位素——难以提取但极有价值

本章开篇列出的第 5 个月球项目，指的是一种在月球上极其罕见，在地球上更为稀有的物质：氦 -3 原子核，其每个原子核是由 2 个质子和 1 个中子组成。[9]正如月球橙色土壤的发现者哈里森·施密特最初所强调的那样，理论上，这些原子核能够为地球或月球上的活动提供丰富且完全清洁的核能燃料。

宇宙中，几乎所有自然存在的氦都是氦 -4，它的每个原子核都含有 2 个质子和 2 个中子。核聚变——为恒星提供能量并制造元素的原子核融合遵循核物理定律，而这些定律在两种氦之间有着很大的区别：氦 -3 的原子核很容易发生聚变，而氦 -4 的原子核却是所有原子核中最不容易产生聚变的。

大多数恒星，包括我们的太阳，都是通过三步将氢原子核（质子）转变为氦 -4 原子核核聚变释放能量的。第一步，两个质子聚合在一起形成氘（重氢）核，外加另外两个粒子：一个正电子和一个中微子。第二步，另一个质子与氘核聚合，产生氦 -3 核和一个高能光子。最后，两个氦 -3 核聚合，产生一个氦 -4 核和两个质子。这三个步骤将四个质子变成一个氦 -4 核和一些额外的粒子及能量，这些能量主要表现为氦 -4 核的运动。因此，尽管太阳的能量每秒都能创造大量新的氦 -3 核（大约有一百万亿亿亿亿那么多），但它们基本上都会在瞬间消失。类似的数字也描绘了与太阳相似的恒星中氦-3核的诞生与消亡，所有这些恒星在核聚变中耗尽储存的质子后，最终都将面临能量危机。

大爆炸后的最初几分钟产生了数量很多的氦-3核，因为它们极易发生核聚变，所以现在的数量减少到仅占所有氦核的百万分之一左右。虽然恒星的引力强大到可以保留住原始氦元素，但它们仍然会从较小的物体——如地球或月球中逃逸，我们只能从岩石沉积物的缝隙中寻找氦。而在地球上好不容易发现的氦核中，只有不到百万分之一的是氦-3，这就意味着我们不能真正从将氦-3作为核能来源中获益，这是令人失望的。氦-3能够释放新的能源而不会产生任何危险的辐射或放射性核——而这恰是我们现在用来发电的核反应堆所不能及的。因此，获得数量更多的氦-3，将对人类的发展大有裨益。

与地球相比，月球上富含氦-3。不同于地球上每一个氦-3原子核对应一百万个氦-4原子核，月球岩石中的丰度比则高出10到100倍，这是数十亿年来相同的高能粒子撞击的结果，这些高能粒子在保护我们的大气层和磁场之外对宇航员构成了威胁。对氦核聚变感兴趣的人们对月球抱有巨大的期待，认为这有可能解决我们紧迫的能源危机和污染问题。

当然，要获取它们需要付出巨大努力。首先，氦-3核的含量也仅占月球表面物质的十亿分之几。其次，任何获取氦-3的工作都需要先对月球的风化层（基岩上方的松散岩石和土壤）进行严格的露天开采，并保证做到不会产生氦气的逃逸，因为氦气很容易迅速释放到空中。再次，维持氦-3核聚变还需要全新的机器将气体控制在极高的温度中，只有这样才能够释放能量。最后，如果不通过其他昂贵的过程进行重要的干预，氦-3核聚变将会产生其他类型的核，它们会在聚变过程中有效地吞噬氦核，从而阻止氦的持续聚变。粒子物理学家弗兰克·克洛斯（Frank Close）曾将通过氦-3聚变发电的想法称为"月光私酿①"。**10** 另一些人则坚决反对。

无论在月球上开采氦-3的可能结果如何，对其前景的考虑为分析未来在其他星球上开采氦-3的想法提供了参照：均需要艰难且长期的努力；均对当地环境破坏严重；很多情况下均需要新技术的投入——如在月球上保持核聚变能够持续进行的技术等。人类历史上，平衡这类项目中成本和收益的经验告诉我们，理性并不总会占上风。

人类宇航员和机器人探索者的现状与未来

支持人类宇航员的人经常把塞尔南和施密特发现月球橙色土壤作为例证，认为人类可以利用以往的经验、洞察力和敏捷

---

① 原文为"moonshine"，原指禁酒令期间，民众在夜里私自酿造并销售的烈酒。——编者注

的思维，而这些是机器人难以做到的。然而，我们必须意识到，在重新设计我们的生物结构前，人类大脑的惊人能力将基本保持不变，机器人的能力则逐年增强，而且没有任何停滞的迹象（一些未来主义者预测，人类的"末日"将在机器人控制我们的社会并最终完全取代人类的时候降临。当然，这些潜在的可能超出了本书涉及的时间范畴）。半个世纪前，将哈里森·施密特在月球上探索与他的对应者在休斯敦指挥自动月球车进行比较无疑是可笑的。虽然指挥这种月球车几乎可以做到实时（地球和月球之间无线电信号传播仅需 2.5 秒），但很明显，在月球上的人类通过观测周围的环境建立起的洞察力，远比在地球控制台前的人更快、更有效，也更深入细致。

现今的情况有所不同，如本书第五章描述的火星上的"毅力号"漫游者所表现的那样，在月球或是那些遥远的天体，都无法做到在地球上实时操控。当自动月球车在月球表面行驶时，它们可以调动自己的"大脑"即其经验学习的算法。到目前为止，人工智能（Artificial Intelligence，简称 AI）的进步已经大致拉平了在识别突出地质特征方面人和机器的能力差异，而 AI 的进一步发展将对机器人更加有利。在未来几年内，人类可能仅在某些特定的领域（并非那些需要具体操作的任务）保持一定优势，但随着机器人探索者的改进，这种优势最终也将消失。

在大量的工业和计算机工作中，AI 已经证明了其不可或缺的作用。计算机处理信息的速度，使它们在涉及海量数据的情况下具有巨大优势，几乎是无可替代的，这些情况包括电力网络控制和交通流量控制等。AI 在一小时内处理的图像比人类专家一生做的还要多，它最明显的优势还在于医学方面，尤其放射线照相和诊断方面。总部位于加利福尼亚州门洛帕克的人工智能促进协会（Association for the Advancement of Artificial Intelligence，简称 AAAI）设立了"松鼠 AI 奖"，鼓励人工智能对人类的贡献。[11] 雷吉娜·巴尔齐莱（Regina Barzilay）是这个百万美元奖金的第一位获奖者，她创造了一种算法来分析乳房 X 光片，用以预测患者未来患乳腺癌的概率。另一种算法能够有效发现新的分子并用于医药，这一算法促进了一种抗生素（Halicin①）的开发。这种抗生素能够有效杀死对抗生素产生耐药性的细菌，目前已经进入临床测试阶段。未来几年里，AI 很可能会取得更多的成绩。在其他领域，AI 将继续在大型机器控制（参见机器人跳舞的视频，这在互联网上可以轻松找到），以及用于显微外科手术的微型机器人控制方面取得进步。在语言识别方面，对于那些使用亚马逊智能音箱（Amazon Alexa）、苹果智能语音助手（Siri）和谷歌助手（Google Assistant）的人来说，其作用就非常明显了；还有面部识别方面（有可能被有犯罪意图的人利用，这也提醒我们，并非所有的技术进步都是百分百积极的）；以及各种影像视频制作等。

---

① 该名称致敬了经典科幻片《2001 太空漫游》（*2001: A Space Odyssey*）中名为"HAL 9000"的人工智能系统。Halicin 是首个由人工智能独立发现的抗生素。——编者注

这些发展似乎无法帮助我们开发出有着具体优势的月球车，而这种月球车应该具有发现可能轨迹的潜能，沿着这条轨迹测量周遭的月球地貌、收集土壤样品并在现场或带回基地进行研究分析。然而，对未来 10 年关于人工智能最大发展的预测显示，地球任务和月球任务将有很大重叠。地球上的交通将有可能受到 AI 很大程度的影响，通过自动驾驶汽车取代现有的车辆，将提高车辆在高速公路上行驶的安全性，避免因人类注意力不集中或判断错误导致的事故发生。消防和地下采矿等过于危险的工作也将主要由机器人完成，它们的判断能力和应对复杂情况的能力将效仿月球上的机器人，具有大规模操作能力。很少有人怀疑，机器将在很多方面逐渐超越或增强人类所特有的能力，唯一的分歧是这将在什么时候发生。一些人工智能爱好者表示，这仅需要几十年的时间；而比较谨慎的预测认为，这至少需要一个世纪。

2012 年，伦敦大学行星科学家、天体生物学家伊恩·克劳福德（Ian Crawford）发表的题为《打破机器人效率神话》（*Dispelling the Myth of Robotic Efficiency*）的文章中提出了相反的观点。[12] 正如克劳福德所强调的那样，如果宇航员能够在比机器人短得多的时间内实现它们的目标，如评估火星地貌，那么，尽管宇航员的小时成本可能要高得多，但特殊发现的最终净成本可能持平，甚至对宇航员有利。

克劳福德的分析对比了人类和机器人在 18 种不同技能方面

的差异，包括从"人类总体优势"到"机器人总体优势"等方面。其中一些技能可以客观地衡量，而另外一些只能主观衡量。它们包括力量、耐力、精度、认知、感知、探测、感官敏锐度、速度、响应时间、决策、可靠性、适应性、敏捷性、多功能性、灵巧性、脆弱性、消耗性和可维护性。除了最后一项是唯一的平局，其他17项中，机器人在其中4项占了上风，即精度、感官敏锐度、可靠性和消耗性，而人类赢得了其他13项，即速度（人类"有能力快速覆盖很远的距离"）、认知（他们"有创造力，仅受以前教育的限制"）、敏捷性（他们"只受结构和外形的限制"）、脆弱性（人类"总体上很强健，但小毛病可能造成整体系统障碍"，而机器人"总体非常脆弱，尤其是那些机器组件"）、耐力（人类"受消耗品和身体的限制"，而机器人则"受到设计和环境变化的限制"）。

我们提及克劳福德的分析，并不是出于这份10年前的评估报告的价值，而是因为它可以用来预测2031—2040年这10年的能力对比结果。目前，人工智能的发展趋势表明，在2012年被评估为属于人类的13个优势中，二三十年后人类仅会在两个方面保持领先了：认知和决策。即便是这两个优势，用不了多久也可能被机器人超越，比如在10到20年内，机器人就很有可能在手术决策上超过人类。

月球探测和利用之后的下一步是什么？

在 21 世纪第二个 10 年的剩余时间里，两组国家将前往月球，很有可能都是去南极地区。他们计划探索月球地表并开发资源，利用月球和人造月球卫星作为火星探索的潜在基地。

2021 年 2 月，俄罗斯和中国宣布了一项联合计划，通过部署中国探月工程中的"嫦娥六号""嫦娥七号""嫦娥八号"，在月球南极附近建立国际月球科研站（International Lunar Research Station，简称 ILRS）。[13] 其初衷是想设计成一个全机器人基地，该站不仅可接纳人类宇航员探索者，还将在 21 世纪 30 年代初长期部署机器人。在 2036—2045 年这 10 年期间，宇航员可以在这个研究站待上数月之久。随着计划的日趋成熟，这两个发起国希望能够与更多的国家合作。

俄罗斯最终选择了不加入《阿尔忒弥斯协定》（*Artemis Accords*），转而与中国直接合作。"阿尔忒弥斯计划"是包含美国国家航空航天局、与之签约的商业航天公司、欧洲、日本、澳大利亚、英国、阿联酋、巴西和乌克兰的航天机构。该计划以希腊神话中阿波罗的孪生姐姐，即狩猎女神（古希腊晚期被视为月亮女神）的名字命名，在过去 10 年经历了多次修改，因为它的主要倡导者和资助者美国，会随其政府多数派的变化，对一些重要决定做出相应改变。这对欧洲航天局的 22 个国家来说是不可能的，因为欧洲航天局有一个传统，一旦做出某项决定就会坚持下去。对贝拉克·奥巴马（Barack Obama）政府和特朗普政府先后制订的"阿尔忒弥斯计划"，拜登政府表示了基本支持，但特朗普政府坚持的缩短时间提议将不被执行。

"阿尔忒弥斯计划"的目标是实现"下一位男性和第一位女性"在月球南极附近的登陆，该计划包括建立一个月球营地和一个月球轨道空间站——深空门户空间站（Deep Space Gateway），宇航员可以从那里进行观测，并前往月球表面或火星。[14] 2020年，美国国家航空航天局在其《持续月球探索和发展计划》（Plan for Sustained Lunar Exploration and Development）中表示："月球不仅仅是个物理目的地，'阿尔忒弥斯计划'的一个核心重点是扩大国家的地缘战略和经济范畴，与国际合作伙伴和私营企业一起将月球纳入进来。"[15] 该计划呼吁在《外层空间条约》（Outer Space Treaty，该条约将在本书第九章详述）的支持下，建立一个可预测且安全的太空资源开采和利用流程，强调人类在月球上的活动和前往火星的旅程，将给人类精神带来巨大回报："几千年来，人类一直怀着惊奇和敬畏的心情仰望月球……我们在月球上的存在将不断提醒着自己，人类的潜能是无穷无尽的。当我们从火星开始探索更遥远的世界时，这也将继续激励人类。人类首次前往火星的任务将标志着人类文明的变革时刻……最重要的是，从月球到火星计划的完成，将确保美国继续走在探索和发现的前沿。""变革时刻"强调了宇航员计划的根本动力——本书第一章曾讨论过：这让我们感觉伟大，使我们更加团结，更积极地感受我们作为一个国家，甚至一种文明的胜利。虽然这样的结果不应受到指责，但的确应该与可能的不利因素——主要是涉及的资金投入以及危险进行权衡。

我们应该注意"阿尔忒弥斯计划"对自动化操作的依赖程度。这就提出了一个问题，即该计划是否能够实现探测月球并利用月球表面进行建筑和天文测量，以及在不带人的情况下仅靠先进的方法和设备继续探测火星的目标。比如，深空门户的设计目的是，在距离月球表面数千英里的轨道上提供一个平台，它将首先进行自主运行，以证明其能力和可靠性。此外，深空门户还将提供商业月球载荷服务（Commercial Lunar Payload Services，简称 CLPS），该服务将向月球表面运送包括自动月球车在内的各种物资，第一批月球车将对南极下冻结的水分子进行研究。美国国家航空航天局的计划指出："火星车将携带各种仪器，它将被更广泛地用于探索火星地表……这些机器人的使用将引发一系列广泛的探索和科学考察活动……月球的背面……蕴藏着水和其他资源，这些都是太空中最稀有、最珍贵的宝藏，它将为未来的探索者提供潜在的食物和能源。"

计划中提到的"最稀有、最珍贵的宝藏"再次提出了一个问题，如果这两大联盟在月球南极建立驻地，无论是人类还是机器人，这个问题都将变得紧迫：这些宝藏的所有权归谁？尤其是它们很快就会枯竭的话。如果美国及其伙伴同他国展开竞争，试图在月球的这个关键地区巩固自己的地位，在这种情况下就亟须出台一种机制，至少是一种协议以避免公开冲突。正如前文所说，本书第九章将探讨这个问题，但并没有得出一个确切的答案。

我们应该担心外星生物对地球造成影响吗？

我们会不会从月球带回危险的病毒或生命体？60 年前，人类首次登月的行为将天体间的污染问题从理论变成了实际。出于可理解的原因，主要是媒体的关注，以及科学家的担忧，问题聚焦在月球病原体可能随宇航员一起回到地球的危险上。为回应这一担忧，并缓解对关注程度略低的月球土壤污染的恐惧，美国国家航空航天局决定让"阿波罗 11 号"的 3 名宇航员在他们出发前和返回后分别隔离 3 周。隔离的主要目的是确保宇航员在出发时是健康的，从而消除返回时带有疾病以及引起公众对"月球细菌"到达地球产生恐慌的可能，进而证明航行结束后这些情况不会发生（美国第 37 任总统尼克松差点儿破坏了这个隔离计划，他想在出发前和宇航员共进早餐，但美国国家航空航天局官员说服他放弃了这个想法）。

我们应该担心地球生物可能对其他星球造成影响吗？

对有的科学家来说，污染的核心问题与我们在地球上所熟悉的一致：人为污染。那么美国国家航空航天局怎样应对这个重要的（当然不是什么令人激动不已的）挑战，即如何确保宇航员和他们的着陆器不会污染月球？让一些天文团体无法安眠的特定污染原因，涉及一个我们最熟悉不过的二字词语：生命。

天体生物学家——那些毕生致力于研究地外生命存在可能性的人，梦想着在其他星球上发现生命。为了这个梦想的实现，他们几乎总是把自己圈在微观生命的研究范围内，除了关注生命的起源和空间分布等信息外别无旁骛。地球上所有生命，从海洋最深处直至大气层，都依赖一种代代相传的方式：DNA 分子——它编写了未来生命形态的密码。如果在另外的星球发现生命（这一天也许很快就会到来），即便是在行星际漂浮的生命形式，也会引出天体生物学家就太阳系产生的核心问题：这些外星生命形式是否有着和我们相同的 DNA ？如果答案是肯定的，那就有力证明了我们和地外生命拥有相同的起源，只是后来分布在各个地方。但如果答案是否定的，那就意味着在不同的世界有不同的生命起源。

我们当然有可能永远找不到地球以外的生命。然而，不断完善的知识使我们认识到情况可能并非如此，生命也能在人类口中"恶劣的"外星条件中起源并得以存续。这一认识源于在地球上曾经被认为不适合生命存在的地方发现了生物体。例如，在过去几年中，研究人员发现了一些生活在数百英尺以下的深海海底火山岩微小缝隙中的细菌，这些细菌不是简单地苟活，而是生机盎然。它们密集地生活在一起，每立方厘米约有100亿之多。

　　科学界所有关于人类有可能污染太空地区的担忧，可追溯到20世纪60年代，因为当时我们准备抵达的目的地是月球。在担心月球吗？它肯定是一个千真万确死寂一片的世界，没有大气层，表面被炙烤和冰冻，未剥蚀的月表数百万年来几乎没有变化，受到高能粒子和太阳致命紫外线辐射的轰击——而地球却通过臭氧层吸收了这些辐射。这一简单的结论始于我们知识的匮乏，但它产生了几个相对独立的问题，无论我们探索的目标是哪里，这些问题都是必须思考的：第一，我们不知道生命是否能够在看起来非常恶劣的环境中存活；第二，我们也许会发现，那些最初看起来非常恶劣的环境，结果反而非常适合生命的存在；第三，我们必须面对"返航感染"问题——把可能造成大流行病或类似事件的生命体带回地球。

　　对科学家来说，这些担忧一直都是显而易见的。然而，如何认真对待这个问题始终没有得到一个简单的答案。保守的做法是尽可能小心处之，对返回地球的人员、仪器及其他任何物品进行消毒，这些都很重要。但我们也很清楚，没有完美的解决方案，这就要求我们要不懈地努力。什么程度的清洁和消毒既能保护我们自己，又能将任何外星生态系统保持在人类到达之前的样子呢？

宇宙飞船和缓步动物

2019 年 4 月 11 日，"创世纪号"（Beresheet）宇宙飞船接近月球，这是月球无人探索步伐日益加快的标志，这个由以色列航天公司 SpaceIL 建造，以希伯来语《创世纪》（Genesis）篇章首词命名的航天器，在准备降落月球时，由于陀螺仪出现故障导致主引擎关闭而坠毁。

从太空污染的角度来看待此次事件，"创世纪号"携带了很多值得注意的物品：一个装有《摩西五经》（Torah）等著作的"时间胶囊"，一面以色列国旗，相当于 3000 万页的数据资料，以及带有人类基因样本和数千只缓步动物的环氧树脂玻片。

缓步动物，也被称为"水熊虫"，是一种长约 1/50 英寸的八足微型动物。它们经常被描述为我们这个星球上适应性最强的生命形式，无论是在高海拔地区或数英里的深海，是在零下数百度的极寒或高于水沸点的温度下，是与水隔绝 10 年之久，还是在几乎能杀死任何东西的辐射和粒子轰击的环境里，它们均可以生存。决定把水熊虫送上月球的这家航天公司，大概是想知道它们能够在月球上生活多久。如果将来的探险队来到"创世纪号"坠毁的地点，他们也许可以确定这个答案，同时将"在坠毁中幸存的能力"添加到水熊虫的技能库中。[16]

然而，如果来自这个探测器或其他任何地球探测器的水熊虫能够抵达月球并在那里定居下来呢？有一种可能是它们的葬身之地使"创世纪号"得以和地下物质接触，而这些物质有足够的水来满足这些水熊虫。一个世纪之后，如果在该地区发现了水熊虫，那么几乎可以肯定它们来自地球。假若它们的 DNA几乎一致，仅有些微小的变化，那是为了适应我们这颗卫星上的生存环境。不过，在之后的几个世纪里，月球上的缓步动物有可能在环境的自然选择下，进化成没有地球起源印记的生命形式。那么，如果不是这些缓步动物而是别的什么物种，由其他私人公司以进一步实验为目的运抵月球，它们也许会和这些缓步动物一样跻身"名人堂"。

50 年前的科学回应

月球也许最终会告诉我们，它的环境对生命过于恶劣，人类对有关任何方向的生物污染的担忧都是多余的。当然，这并不能成为不再为避免污染做努力的理由。而且，当我们考虑要不要毁掉分辨月球上的生命是否为原生生命的希望时，还是要三思而行。

1971 年 5 月，苏联的"火星 3 号"宇宙飞船首次实现了火星着陆（飞船到达火星表面 15 秒后失联），自飞船着陆的那一刻起，科学家对这个问题的顾虑随之产生。在此 13 年前，国际科学联盟理事会（International Council of Scientific Unions）——一个有着几十年历史的非政府组织，设立了空间研究委员会（Committee on Space Research，简称 COSPAR）。1964 年，在空间研究委员会每 3 年一届的会议上，专家们就可接受的污染水平进行了辩论，与会者中有很多杰出的科学家，其中卡尔·萨根（Carl Sagan）是最著名的。1968 年，萨根与埃利奥特·列文索尔（Elliott Levinthal）、乔舒亚·莱德伯格（Joshua Lederberg，因发现细菌可以交配和交换基因而获得当年诺贝尔生理学或医学奖）一起在《科学》（*Science*）上发表了他们对这种情况的分析。[17] 1967 年的《外层空间条约》所包含的概念，为空间研究委员会制定有关污染的规则提供了基础。

在 3 位科学家的论文中，他们试图反驳其他专家的某些观点——火星着陆器带入地球生物的可能性很小，此类污染物的繁殖概率完全可以忽略不计。在那段时期，唯一在考虑之中的宇宙飞船均来自美国和苏联。通过萨根那种以简洁明了而闻名的表达方式，这 3 位作者指出，苏联的行为体现了对行星隔离目的的误解："这不是一项控制移民总数来匹配目的地星球资源的移民计划，而是最大限度地减少现在或未来，使该星球被单一生物体感染的隔离计划。"他们以易燃状态下的干燥森林为有用类比：如果我们前面有人向森林中扔了一根燃烧的火柴，但这并不能说明我们也会随之扔很多点燃的火柴，特别是当我们正在尝试寻找森林中最干燥的部分时。这个人的火柴也许并不会点燃这片森林，但我们的火柴有可能会。另外，如果对火柴持谨慎态度，我们的同伴也会了解到谨慎的重要性和小心的方法。

今天，虽然许多政府和私人实体取代了20世纪60年代和70年代独立的"组合"，但萨根、列文索尔和莱德伯格考虑的基本问题并没有改变——除了情况失控，变得更糟以外。一方面，尽管水的存在让我们这颗卫星对微生物的敌意似乎减少了一些，但月球上仍不太可能存在任何生命。另一方面，与萨根和莱德伯格进行研究时相比，现在更清楚的是，一些行星和卫星显然提供了潜在的绝佳栖息地，这主要得益于它们表面或冰层下丰富的液体。即使是最简单的生物或它们亿万年前的化石，都能成为有史以来最重要的科学发现。

历经几十亿年，达尔文进化论向我们描述了，地球上的生命从最简单的形式，发展成我们今天生活的奇妙而又复杂的生物圈。生命的真正起源指的是从日益复杂的分子，到我们称为"生命"的第一批可代谢和复制的个体的关键转变，尽管该转变受到越来越多的关注，但目前仍然是个谜。因为我们只有地球上的生命作为唯一参照，所以我们仍然不确定这是一种侥幸，抑或是生命能够产生在任何可以满足其基本要求的环境中（当然，具体是什么样的环境还有待了解，但可以确定的是它们大体应该和地球环境相似）。如果其他地方存在生命，我们不知道地球生命根本的脱氧核糖核酸／核糖核酸（RNA）特殊结构在其他地方是否能够被找到，也不清楚地外生命是否拥有不同的分子来进行代谢和复制。

也许21世纪天文学最令人兴奋的进步（至少目前是这样）是证明了银河系（抑或是整个宇宙）布满了行星，这些行星提供了无以计数的可能世界，它们的大小、温度、与其恒星的距离、自转速度、大气成分等其他可能影响那里形成生命的因素都各有不同。这些行星反射的光线在其恒星的强烈光芒里显得非常暗淡，以至于天文学家必须等新一代太空望远镜问世，才能够发现和分析来自那里的微光，寻找足以揭示生命迹象的细节，甚至对那些附近恒星轨道中的行星也是如此。行星上有陆地和海洋吗？它们的大气层中是否存在氧气？有植物存在吗？随着研究的发展，我们希望生物学家能够开发出其他方式寻找这些行星上的生命。就目前而言，我们寻找其他生命关键样本的最大希望仍在太阳系，将该样本与地球生命相比，就可以揭示这两个有生命存在的世界之间的异同。发现另一种起源与我们明显不同的生命形式，将消除地球生命作为自然界唯一罕见侥幸的可能性，并意味着不同形式的生命存在于数百万，乃至数十亿个其他的世界中。寻找地外生命，无论是活着的还是以化石形式存在的，都为人类探索太阳系其他天体提供了最佳理由——这比庆祝人类的建树或国家的成就等方面的欲望更有吸引力，在这一追求中，首要目标始终是我们的近邻——火星，它是一代代太空探索者的动力和吸引力的源泉。

第 五 章

火

星

月亮的大小和亮度使它成为夜空中最耀眼的天体。火星虽然没有那么明亮，但已经占据了人们对太阳系家族行星的主要关注。几千年来，世界各地的观测者都关注着它在恒星背景下的复杂运动，欣赏着它那唤起血腥冲突的铁锈红色。在人工照明和电子娱乐出现之前，它的存在对社会的影响，远远超出了地球天际中的其他景观。

　　望远镜终于揭开了太阳系行星们的本来面目。木星和土星实际上只是两个巨大的气团，无益于想象或实际探索；水星有着和月球一样坑坑洼洼的表面；金星的大小和质量与地球接近，它的坚硬外壳被一层不透明的硫酸云永远包裹着。火星与地球的距离几乎和金星一样，它的地表会让我们不禁想到我们自己的陆地山川——有陨石坑、平原、极地冰盖、沙丘、古老的河流三角洲，还有一个巨大的峡谷，通常被称为"火星大峡谷"（Grand Canyon of Mars）。

1877 年，意大利天文学家乔瓦尼·斯基亚帕雷利（Giovanni Schiaparelli）在米兰市中心的布雷拉天文台（Brera Observatory），通过一台普通的 8 英寸折射望远镜观测火星。他认为在火星上看到的较亮和较暗的地区一定是海洋和陆地，在"陆地"上他可以看到"卡纳利"（Canali）。[1] 在意大利语中，该词指"水道"（Channels），无论人工所造还是天然形成，但英语翻译很快选择了"运河"（Canals）一词，意指这绝对不是什么自然景观（为对译者公平，斯基亚帕雷利认为，源于火星极地地区的水是通过这些水道为各种生命提供茁壮生长的机会的）。

与斯基亚帕雷利同时代的卡米耶·弗拉马里翁，一生都对天文学和心理学研究感兴趣，他帮助创建了法国天文学会（French Astronomical Society），并于 19 世纪后期成为法国天文学的主要普及者。他写了十多部以天文学为主题的书，还有更多关于精神研究和调查方面的著作。1892 年，弗拉马里翁出版了《火星及其可居住条件》（*Mars and Its Habitability Conditions*），书中认为，火星上的运河和海洋暗示着这个星球可能适合"比我们优秀的种族"居住。[2] 珀西瓦尔·洛厄尔（Percival Lowell）来自波士顿一个历史悠久的显赫家庭（他的哥哥长期担任哈佛大学校长，他的妹妹是位著名诗人），在从事天文学后，他对火星的兴趣更加高涨了。受到斯基亚帕雷利的观测和弗拉马里翁的描述之刺激，洛厄尔于 19 世纪末在亚利桑那州的弗拉格斯塔夫建立了自己的天文台。他从马萨诸塞州剑桥港的阿尔万·克拉克公司（Alvan Clark firm）购买了一台 24 英寸折射望远镜，这家公司为华盛顿特区的海军天文台制造了一台 26 英寸折射望远镜，是美国主要的望远镜制造商。在弗拉格斯塔夫，洛厄尔每晚都会花很长时间透过清朗的夜空观测火星，他证实了斯基亚帕雷利的"运河"存在，并追踪了一个更为复杂的"运河"网络。他认为，这些"运河"一定是由火星文明建造的，目的是把水源从极地冰冠引向赤道附近干旱的沙漠。[3]

为了向公众展示他的发现，洛厄尔写了 4 本关于火星的书，他的文学天赋会让人们联想到他曾任《大西洋月刊》（*The Atlantic Monthly*）第一任编辑的曾祖父。他将自己多年的观察结果作为火星上存在智慧生命明确而详细的证明："火星运河网络"及其成为生命栖息地的总体合适性，使这颗行星成为寻找其他生命的首选之地。数十年后，经过改进的观测结果表明，洛厄尔（和斯基亚帕雷利）的"运河"是一个视觉错觉，火星的极地冰冠比地球的要薄得多，几乎完全由冰冻的二氧化碳（干冰）组成。尽管如此，火星在公众心目中仍然是"生命的居所"（Abode of Life），这也是洛厄尔著作的名称。从最广泛的意义上说，在有着丰富水资源的火星上存在古代生命的可能性，证明了洛厄尔最基本的想法：我们并非在火星上的"幻象运河"中寻找生命，而是在其数十亿年前干涸的河谷和湖泊中，这些地方可能留有早已消失的火星微生物的证据，甚至可能将其深藏地下。

像往常一样，虚构文学作品迅速给洛厄尔断言的证据添上了一笔。在洛厄尔第一部著作出版 2 年后，赫伯特·乔治·威尔斯的科幻小说《世界大战》（*The War of the Worlds*）描述了技术先进的火星人入侵地球，它们所向披靡，但最终在地球的细菌面前倒下。10 年后，埃德加·赖斯·伯勒斯（Edgar Rice Burroughs）的一系列小说，讲述了其主人公约翰·卡特（John Carter），在火星上一个虚构的地方巴尔苏姆（Barsoom）与怪兽战斗的故事。伯勒斯的系列小说激励了一代科幻作家，并使年轻的卡尔·萨根着迷，是这些作品唤起了他早年对天文的热爱。[4] 人们可能会说，从洛厄尔到今天，人们对火星的痴迷，对星球文化的影响，就像火星的引力作用于我们轨道一样强烈。卡通中很少有"月球人"或"土星霸主"，却有很多让人一看便知的火星人物。

我们现在生活在一个火星探索的时代，这说明火星在我们心中的重要位置，尽管我们不得不放弃发现火星文明或大于微生物的生命体的任何希望。火星上存在着少量的水，表面温度并不比地球低很多，尤其是有明确证据表明，亿万年前有大量流动的水，这些都激发了我们登陆火星的欲望。我们渴望研究它的地形，在其地表之下寻找生命迹象，在化学和生物学方面研究火星土壤，利用数月或数年时间穿越山丘和峡谷，部署轨道航天器绘制这颗行星和它的两个小卫星的地图，并将火星样品带回地球，在最好的实验室进行研究。

所有努力都取得了相应的成果，至少在初级阶段是这样的。

通过设计、创造、发射神奇的火星探索机器人，使其安全着陆，并对其进行多年的维护，我们取得了惊人的成绩。有 6 个探测器掠飞过火星，另有 15 个环绕着这颗行星飞行；7 个登陆火星，6 个已经完成了对火星部分地区的游历；近 24 个以火星为目标的探测器以任务失败告终，一些任务结束在发射架上，一些在星际空间，还有一些探测器坠毁在火星表面；第一次飞越火星（1964 年），第一次进入火星轨道（1971 年），第一次火星着陆（1976 年）和第一个火星探测车（1996 年）……这些成就验证了我们在克服探索另一个星球的障碍时所表现出来的执着和解决问题的能力。

　　成功可能会让我们忽略火星任务中最重要的困难，尤其是那些需要为宇航员提供数月生命支持的任务，真正到达这颗红色星球还有很长的路要走。在火星和地球围绕太阳运行时，它们之间的距离相差 7 倍，从最近的 3500 万英里到最远的 2.5 亿英里。借用约翰·麦克菲（John McPhee）一个类似的比喻，如果把地月距离想象成一小截剪下来的指甲，那地球和火星之间最短的距离则是从指尖到你的肘部，而最长距离则是你张开双臂宽度的 2 倍。[5] 万有引力定律和行星动力学不赞成最短的航行路线，因此，前往火星的航行路线通常要历经 3 亿英里——之所以比实际距离还要长，是由于宇宙飞船需要向外俯冲超过这颗星球。使用现有最好的火箭技术，每次航行需要大约 7 个月的时间。

　　这些前往火星的飞行需要遵循行星运动的节奏，能够最小限度地消耗燃料的行星排列每 26 个月有规律地重复进行。绕太阳公转的长度是地球的 1.5 倍，由于太阳对其引力较弱，火星的运行速度比地球慢，火星完成公转一圈所需的时间是 687 天。每隔 780 天，地球就会超过火星恢复到之前在两行星之间的方向。2020 年 7 月的发射窗口能够允许 3 个航天器踏上从地球家园前往火星这 3 亿英里的旅程，并在 6.5 个月后到达这颗红色星球，它们分别来自中国、阿联酋、美国及其合作伙伴，它们被认为是遣往另一个世界最有能力的使者。

从位于鹿儿岛的日本航天中心，阿联酋发射了"希望号"（Hope）火星探测器，这是阿拉伯国家第一次的星际航行。目前，该探测器已经准备好在一个比较大的轨道上待上数年，这样就可以对火星进行日夜观察。"希望号"将绘制第一张火星全球气象图，并将特别关注它的高空大气，寻找有助于确定这颗行星失去大部分原始大气的过程及原因的可观测数据。

中国的航天计划展示出比"希望号"更远大的志向。"天问一号"执行的首次火星任务，使中国在所有探索火星的国家中首个完成绕轨飞行器、着陆器和火星车的三连击。这些自动化设备将通过不同的方式获取影像，进行地下雷达测量、光谱观测和大气数据；绕轨飞行器还将测绘火星磁场和引力场。同美国一样，中国也在酝酿着一个计划，在成功实现载人月球探索后，也会将中国航天员^①送上火星。

美国国家航空航天局发射的"毅力号"——承载着最大期望的探测器，比 2018 年登陆火星的"洞察号"（InSight）着陆探测器和 2012 年 8 月抵达火星近 10 年仍在运行的"好奇号"有了明显的改进。除了气象站、雷达系统和照相机组群之外，"毅力号"还在测试一种设备，该设备旨在从几乎完全由二氧化碳构成的大气中分离释放氧分子——这是为宇航员在火星上提供氧气的一个重大进展。该航天器还携带了一架"机智号"微型直升机，目的是测试此类飞行器能否在只有地球大气厚度 1% 的环境下在海平面飞行。"机智号"的成功将为创造更大和更强的直升机提供鼓舞，这些直升机也将大大提高我们的搜索能力，帮助引导火星车前往最有价值的地区进行近距离考察，以及对陡峭的地形——如陨石坑岩壁等火星车无法抵达的区域进行测量。[2026 年，美国国家航空航天局计划发射名为"蜻蜓号"（Dragonfly）的多旋翼探测器，它将飞越土卫六，因其有着一个很厚的大气层，这使体型较大的飞行器能够胜任。]

通过对"好奇号"长达数年现场性能的观测所获得的经验，美国国家航空航天局改进了"毅力号"的基本设计，它有 6 个独立安装的，比"好奇号"要大的轮子，这使得漫游者可以自如地

---

① 原文中使用了"taikonaut"一词，这是由中文"太空"的拼音和英语"astronaut"的后缀混成的拼缀词，该词被牛津词典收录，词条解释为"Chinese Astronaut"，即"中国太空人"。——编者注

穿越在崎岖不平的岩石表面。与上一代不同的是，"毅力号"安装了6个避险相机（HazCams），其中4个在前部，2个在后部，用于识别路径上来自前方和后方的危险。更显著的差异在于火星车的人工大脑："好奇号"需要来自地球的引导，一英尺一英尺、一码一码地避开可能造成破坏或使其卡在大岩石、沙丘或深沟中的危险地带。然而，"毅力号"在穿越地形的运动中拥有基本的自主性，它会隔段时间停下来获取立体图像，以便分析不同的路径，然后选择最佳路线。因此，"毅力号"可以遵循地球上的整体指令，而不需要接受不间断的引导。这种能力预示着未来火星探险中真正自主机器人的诞生，它将进行火星地貌研究，并能够自行选择最佳路线。由于各自在轨道上的位置不同，一条来自地球的信息传到火星需要3到22分钟，往返通信则需要两倍的时间，因此，自主"智慧"和决策能力提供了至关重要的优势。

目前，喷气推进实验室的控制人员是所有重大决定的决策者，在与关键的科学家协商后，他们选择将"毅力号"降落在耶泽罗陨击坑（Jezero Crater）的冲积三角洲上，这里被认为是寻找古生命化石的最佳地点。如果所有形式的生命都需要一些液体来支持化学反应，而如果水又确实是这种最丰富和最有效的液体，那么太空生物学的黄金法就成了"跟着水走"了。"毅力号"的前置避险相机可以让它的控制器指挥其功能强大的7英尺长的机械臂，该机械臂配备了光谱仪来确定岩石和土壤的化学成分，并配备了钻头来提取样品。

大约 45 年前，两艘"海盗号"探测器将简陋的实验室带到火星地表寻找生命的踪迹。其结果模棱两可——当时被认为是肯定的，在重新分析之后得到的结论却是完全相反的，但这可以说服那些试图寻找微观外星生命证据的人，而最有效的方法应该是将样品带到更为先进的地球实验室进行分析。正如田纳西大学（University of Tennessee）的行星地理学家哈里·麦克斯温（Harry McSween）对这一计划的总结：来自遥远世界的样品是"不断馈赠的礼物"。[6]

将火星样品带回地球

在对带回地球的火星样品进行研究之前，我们首先应该致敬大自然，因为它其实在不断地向我们的星球馈赠火星物质。每年有成千上万颗重量超过数克的火星陨石来到地球，以公斤为单位的火星陨石则不是很多（每磅合 454 克）。"海盗号"探测器测量出火星和地球岩石之间元素丰度比略有不同，这能帮助我们识别哪些陨石来自火星。那颗著名的火星陨石被标识为 ALH84001，又被称为"来自火星的岩石"，它之所以能蜚声世界，是因为它似乎含有微小的、早已绝迹的生命形式的化石证据。虽然事实并非如此，但至少我们或许能从地球的发现中找到火星上灭绝的生命。

在地球上发现的火星陨石，为我们提供了一个极端的案例，那就是如何正确地在火星上寻找微小的或灭绝的生命形式：选择最有希望的样品，把它们带到地球上最好的实验室进行研究，而在 1 亿英里外的火星建造同类实验室则至少是数十年之后的事了。凭借努力加运气，也许仅几磅的火星样品就能帮助我们揭开这个星球的生物奥秘。

我们什么时候才能在实验室中安全地获得精心挑选的火星样品呢？"毅力号"携带了 43 个导管样件，配备向每个样件自动装载土壤的系统（其中 4 个是空的以供比较），用冲压杆将其压实，最后通过焊接将管子密封起来，以便在火星长期保存。美国国家航空航天局与欧洲航天局合作，开始了火星采样返回计划（Mars Sample Return Mission）——将样品试管汇总，然后装载并穿越太空返回地球。[7] 该计划是将"毅力号"采集的样品送到美国国家航空航天局建造的火星上升飞行器（Mars Ascent Vehicle），然后将这些样品送入火星轨道。欧洲航天局建造的地球返回轨道器（Earth Return Orbiter）将与美国国家航空航天局的轨道飞船进行对接，将样品放入一个安全的容器中，在 21 世纪 30 年代的某个时候将它们运回地球。火星采样返回计划标志着我们对太阳系的探索进入了一个关键阶段，有助于我们揭示火星古代生命的历史。大多数专家都相信，这些历史就封存在这些耶泽罗的岩石中。

火星上人类和机器探索者

随着人工智能和技术的进步，机器人的能力也有了很大的提高，人类在探索方面相较机器人的优势正逐渐减弱。未来在人工智能方面的突破，可能会产生自主行动的火星机器人。它们在接受例行指令的同时，可以像人类探索者一样完成同类工作。我们可以利用"毅力号"在火星上的成功来分析将来人类宇航员在同样情况下该如何改进。如果我们用人类现场考察取代机器人的现场考察，那么情况将会有何改变？以样品返回为例，所涉及的任务包括到达火星，选择最佳采样地点，在这些地点的岩石和土壤中钻孔，提取样品并将其密封以供研究，将这些密封的样品带回地球，用最合适的仪器对这些样品进行研究等。以上这些环节，除了选择钻探地点以外，机器人比人类要更安全、操作简单而且经济实惠。当然，目前来看这些机器人的大脑的确还无法和经验丰富的地质学家相提并论。尽管我们将会继续完善这些机器人的人工智力能力，但没有人能够预测它们（如果可能的话）什么时候能够真正和人类匹敌。当然，我们也必须警惕在进行能力评估时的自我偏袒。

正如我们提到的，对某些人来说，人类的登陆是太空探索的最高目的。在这种前提下，我们 60 年来对火星研究所做的努力，仿佛就是人类抵达和进行火星移民新时代的序幕。尽管这会是个神奇的时代，但（贯穿本书的）核心问题仍然是：我们想要它，而非我们需要它。让我们再来听听杰弗里·霍夫曼（Jeffrey Hoffman）由衷的感叹吧，他是修复哈勃空间望远镜的科学家和宇航员之一，在执行了 5 次太空任务后，霍夫曼毫不犹豫地说："我想知道在火星上是什么感觉！"对我们这些并没有打算去那里的人来说，人类登陆火星的目的并非在于我们的亲自旅行，而在于享受那些到达这个星球的人传回来的壮观场景和新闻。霍夫曼自己是这样总结选择机器人还是人类的问题的："如果机器人能够做到，那就让它们去做吧。"[8]

将宇航员送上火星这一愿望的科学依据是，经过科学训练的宇航员具有丰富的经验，同时人类特有的灵活性帮助他们在新的地方进行探索，而且能够比任何机器人更快识别特殊的、意想不到的情况。史蒂夫·斯旺森（Steve Swanson）曾 2 次乘坐航天飞机，一次前往国际空间站，他指出，"阿波罗 17 号"宇航员在月球上 3 天行走了 22 英里，而"好奇号"火星车在超过 6 年时间里的行程仅为 12 英里。[9]的确如此，不过"毅力号"将以更快的速度在火星上游历，而它的后继者一定会更优秀。然而，"好奇号"火星车前身"勇气号"和"机遇号"（Opportunity）的首席科学家之一史蒂夫·斯奎尔斯（Steve Squyres）提出了相反的意见，他曾于 2005 年表示："不幸的事实是，我们的火星车在一个完美的火星日（24 小时 37 分钟）能做的大多数工作，人类宇航员只需不到 1 分钟就能在现场处理掉。"[10]2009 年，斯奎尔斯离开学术界成为杰夫·贝索斯蓝色起源公司的首席科学家，他们曾计划在 2023 年之前将物资送上月球，并在一年后将宇航员送上月球。

克里斯·麦凯（Chris McKay）是参与规划未来火星任务的主要天体生物学家之一，他利用数年时间在地球的北极和南极，研究生命在火星上类似地区生存的可能。火星上的机器人还要多久才能拥有和人类科学家相同的能力呢？麦凯的回答是不太乐观的。那么具备现场助手的能力呢？他认为，这需要机器人将目前的能力提高至少 5 倍以上，就目前情况看，每提高 1 倍都需要 10 年的时间，"但太空事业的创新也许能够大幅缩短这个时间"。[11]

那些想为载人火星飞行树立最扎实的科学说服力的人应该同意麦凯的论断，即为了获得最好的结果，我们必须派出最好的研究人员：人类。于是，现在的问题就变成了：我们愿意为人类所能带来的优势付出多大代价？那些支持机器人探索者的群体可能会说，随着时间的推移，人类相较于机器人的优势将继续下降，最终那些支持人类宇航员的科学证据将不复存在。与此同时，公众对于人类登陆火星的热情依然高亢，与其说是因为人类地质学家的绝对优势，不如说是出于我们"应该"飞往那里的信念。

去火星的危险

我们距离将宇航员送到火星的那一天还很遥远，其中一个原因（虽然不是主要原因）是行星际航行的危险。正如我们所了解的，即便使用最好的火箭技术，并在最佳行星排列期间发射，也至少需要 6 个月才能到达火星。这个时长是去月球用时的 50 倍，这也表明即使是离我们最近的行星，距离也是如此的遥远。这 50 倍的距离也就相当于前往火星的风险同样增加了这么多。

本书第三章讨论了太空航行的挑战，首先是失重：最初的反应是恶心和方向感紊乱，随后是人体器官的变化，特别是大脑、心脏和中枢神经系统，这些变化都是由于长时间失重引起的。在国际空间站上的经验展示了如何部分地克服这些问题，然而长期的影响仍然很大，且还有很多部分尚属于未知。随着暴露在大气层外时间的延长，辐射将会超越失重成为对人体的主要伤害。

正如第三章讨论过的，对穿越星际空间的长途旅行构成威胁的辐射，大致分成 3 种基本类型：持续不断的太阳风粒子，来自太阳日冕物质抛射的高能粒子的突然流动，以及来自太空的宇宙射线的持续流动。正如我们谈及近地轨道对宇航员的危害时所说，更具破坏性的太阳风中的高能粒子和宇宙射线相对较少。同样的分析也适用于行星际航行：轨道线越长，风险也就越大。

研究辐射损伤的著名生物物理学家马可·杜兰特（Marco Durante）总结了太阳风和宇宙射线粒子有规律流动的影响："在太空中待上一天受到的辐射，相当于在地球上的一年。"[12] 最近的数据表明，一名宇航员在前往火星途中的 6 个月所受的辐射总量，至少是其职业生涯里建议所能受到的辐射总量的 60%。[13] 即使没有太阳风暴或耀斑的突然增强，在火星上的时间加上回程受到的辐射也很有可能超过这个建议的极限。如第三章所述，近地轨道上的宇航员可以选择返回安全的地方，也可以选择躲避被抛入太空的高速带电粒子。然而，对前往火星的宇航员来说，获得这种屏蔽将大大增加航天器的质量，而设计上的局限可能意味着航天器中紧急避难舱的空间将非常逼仄。

人类总是能表现出在解决问题方面的创造力。来自宇航员国际空间站以及返回地球后的经历的数据，加上对日冕物质抛射的粒子数量和能量的持续测量，最终应该能够揭示出前往火星的历次航程中需要克服危险的准确参数。核动力火箭一旦面世，可以将前往火星的时间缩短一半。2019 年，美国国家航空航天局仅拨款 1.25 亿美元用于这些工作的开发，目前来看，至少在 21 世纪 30 年代前很难获得太大进展。而任何前往太阳系外的巨型行星探索之旅都需要这样的火箭。

宇航员前往火星将面临严重的健康风险，这是由于往返火星以及在火星表面停留需要很长时间，而火星地表没有大气层保护，无法抵御来自太阳和宇宙的辐射。2013 年，太空医学专家的一项研究表明，"运用美国国家航空航天局的风险和不确定性公式可以预测，对火星任务中由辐射引发的死亡率和发病率中肯的中心估计可能超过 5% 和 10%，95%（置信区间）的上限分别接近 10% 和 20%"，此外，"与地球表面辐射相比，火星之旅对中枢神经系统的额外风险和银河系宇宙射线生物效应方面的质的差异，可能会大幅增加这些评估值，并需要新的知识来参与评估"。[14] 在这些巨大的风险值面前，我们仍然执意进行火星之旅，其关键可能是我们中的一些人承担风险的意愿更大。另外，这可能对年长的宇航员更有吸引力，因为他们剩余的生命较短，这样就相对减少了患癌症或其他疾病的时间间隔。有些宇航员也许只是简单地认为冒险去火星是值得的，有些人可能认为去火星的单程之旅是件快事。在讨论如何以及何时将人类宇航员送往火星的时候，风险问题注定是一个无法回避的核心问题。

火星栖息地

人类在月球上定居的想法也适用于火星，只要我们在面对这些目标的不同特性时进行一些关键性的调整。移民者的基本需求在火星表面可以得到部分满足，它可以为建造栖息地提供各种材料。根据目前掌握的情况，火星土壤含水程度很低，或者根本就不含水。然而，就像我们看到的，有证据表明有些地区有水，尽管水量并不明确。稀薄的火星大气提供的表面压力仅相当于地球大气压的 1/100。大部分大气由二氧化碳组成，还有 1/100 的氧分子和少量水蒸气的混合物。同样，极冠主要也是冰冻的二氧化碳，但即使仅有 1/100 的是冰冻水，作为生命之本也是相当浩瀚了。极地的低温意味着宇航员除了需要食物和氧气的供应外，还需要考虑热源。

除了足够的水和密封的内部空间，再有一些能源供暖，宇航员就可以像在地球上的温室一样，利用太阳能进行仿生种植农作物。2015 年上映的电影《火星救援》（*The Martian*）的观众可能会记得，最高产的作物，比如土豆，可以帮助宇航员维持生命。这些火星温室里的植物可以提高氧气含量，并最终实现不用地球输出氧气继续生存。这个计划面对的严重问题出在火星土壤上，因为实验表明被测试的植物——生菜和一种叫拟南芥（Arabidopsis thaliana）的杂草，无法在人造火星土壤中生长，而这种人造火星土壤是由美国国家航空航天局的探测器和轨道飞行器发现的火星物质制成的。[15] 毕竟，地球土壤富含促进生长的微生物和有机物质，而火星土壤基本上就是些岩石碎块。我们最终也许能够找到让火星土壤适合地球有机物生长的方法，这些方法可能因地而异，但正如地球化学家劳拉·法克雷尔（Laura Fackrell）总结的那样："这一切并不会像《火星救援》里看到的那么容易。"[16]

对主张由人类进行火星探索和移民的人来说，改善火星土壤等任务可能最终会落到任劳任怨的机器人身上，从根本上说，它们的工作就是为了帮助人类在火星上持续存在。未来的移居者将更详尽地探索这颗红色星球，他们将开辟一个为探索距太阳和地球更遥远星球的关键性基地。另外，从某种角度看，那个比邻行星的人口极有可能最终上升到数百万人。

我们如何避免和火星的相互侵害

今天，没有人会对在我们的这颗近邻行星上找到生命心存怀疑，一些科学家甚至认为这个可能性非常大——生命逐水而居，而在其上的某些地区已经发现了少量的水。天文学家曾经认为，除了极冠地区有少量且转瞬即逝的水之外，火星上几乎完全没有水的存在。然而，如今我们观察到火星环形山边缘有水流——尽管那也是短暂的。大多数专家认为，火星很多地区的底土下富含大量的水。"毅力号"目前正在探索耶泽罗陨石坑，这是一个30英里宽的陨石坑，其地形表明它曾经是个湖泊，在35亿年前那里曾充满了水。耶泽罗湖可能曾经孕育了大量的生物，这些生物的后代或化石也许正在那里静静地等待着我们。了解它们最好的办法是不要"将水搅浑"，这是字面的意思，当然亦是一种比喻，就是不要在物理意义以及生物学层面上搅扰它们平静的存在。千万不要将任何可能会威胁地球上大部分生命的流行病毒带回来。当然，这种结果不太可能，也不受欢迎。

如果我们在早已干涸的火星湖泊底部找到一些岩石并将它们带回地球进行研究，结果发现里面存在细菌，而且它们的DNA和我们的DNA相符，那么我们应该得出什么结论呢？如果排除了污染的可能性，那么结论就是：火星上早就存在生命，在遥远的过去，生命体从地球迁徙到火星，或者从火星来到地球，抑或从第三个天体来到这两个星球。然而，如果我们无法确定这些在火星岩石中的细菌到底是数百万年前就存在的，还是仅仅若干年前由人类火星设备将它们带到这里的，那我们获得结论的信心就会大打折扣。生物学家们有理由相信，细菌完全有可能在登陆火星短短几年之后就钻进了这些岩石之中，他们也可以通过讨论火星细菌和地球细菌的异同来判断这些细菌的星际身份。可以肯定的是，来自地球的生物污染，无疑将会使对任何地外生物的分析复杂化。同样可以肯定的是，当人类造访者——而非机器人前往考察火星或任何其他星球时，防止这种污染就成了我们必须面对的重要挑战。

即使是最低调的探索任务，也必然会携带大量地球生物。正因为充分意识到这一事实，美国国家航空航天局及其合作伙伴做出了巨大努力，他们对前往月球和其他行星的航天器进行了严格的消毒。这些科学家们也清楚，即使我们尽了最大努力，也无法完全避免通过宇宙探测器将地球生物带到太阳系其他地方。就像我们很容易推断出来的那样，对那些可以让人类宇航员自由出舱的飞行器来说，消毒问题变得更加困难，而如果建立永久定居点，消毒问题更是难上加难。[17]

为什么这会成为一个严重的障碍呢？暂且不谈关于改变外星环境导致其原始状态随之改变所涉及的道德问题，最突出的问题在于外星生物学。探索太阳系的最大动机之一，始终是寻找地外生命，这些生命要么是以化石形式存在，要么是更迷人的——具体的生机盎然的存在。在月球或小行星表面，发现生命的可能性非常渺茫。然而，即便在这些地方，认为这种可能性为零的想法也可能是错误的。此外，地质学家也会针对岩石提出类似的问题：一旦我们揭开一个天体的表面，那里的地质记录就会随之受到影响，起初可能微不足道，但随着我们活动的增加，这种影响就会越来越大。

尽管如此，生物仍是最值得关注的。如果我们真的在火星上发现生命，那最根本和最重要的问题将是：火星生命和地球生命是否不同。这种异同将在基因层面显现。比如，如果发现火星生命的 DNA 和 RNA 与地球生命的相同，我们就可以合理地得出结论：这两个星球的生命起源并非各自孤立，而是从一颗转移到另外一颗。然而，又该如何确定不是最近由我们把这"火星生物"带过去的呢？我们在火星上留下的生物体越多，这种不确定性就越大。只有火星上所有的生命体要么在数亿年前就已经灭绝，要么具有与地球截然不同的生物系统，那种不确定性才永远不会成为困扰。

在本书第三章首次提出的关键问题是：地球生命是独一无二的吗？基于前面提到的所有原因，这个问题无法通过对火星的考察来获得答案，除非我们在那里找到一种与地球生命化学物质组成完全不同的生命形式。否则，我们的探索将转向外太阳系，其中最有希望的是土星和木星的卫星，它们距离地球比火星远得多，这就使地球生命扩散的可能性更小，当然，探索起来也就更困难。这一探索的下一个阶段应该是欧洲航天局计划在 2022 年年中发射的木星冰月探测器（European Space Agency's Jupiter Icy Moons Explorer，简称 JUICE，也称木星冰卫星探测器）任务①。**18**

火星重塑

到 21 世纪末，从技术层面上可以合理预见，人类将在火星上建立定居点，其结构和功能与地球南极的设施类似，尽管工作环境要更加恶劣。一些热心人士认为，这是一个宏伟的行星项目的开始阶段，该计划旨在将火星变成一个更适合人类居住

①该发射任务最终于 2023 年 4 月完成。——编者注

的星球，并且能够容纳与地球相当的人口。虽然火星的直径只有地球的一半多点儿，但由于没有海洋，它的陆地面积几乎和地球陆地面积相当。因此有些人会认为，这颗行星有同样的能力来维持人类生存。一些"重塑火星"的设想就是将它改造成接近地球的环境。这项涉及整个星球的宏大工程的关键一步是，通过蒸发目前冰冻在极地冰盖内少量的水和二氧化碳，为它提供更厚的大气层。正如我们了解的，火星表面大气压不到地表大气压的1%，这对液态水的存在来说实在太低了。任何液态水都会迅速蒸发，固态水将不会转变为液态而是直接升华为水蒸气。说起来可能有点儿讽刺意味，考虑到地球气候变化中的人为因素，只要将足够数量能够产生温室效应的气体或尘埃，通过一些努力输送到火星大气层，就能够实现对火星大气层的改变，并使液态水再次成为可能。[19]

到那时火星可能会有湖泊和溪流，随着蒸发和凝结的循环，将模仿消逝已久的火星往昔——其残留的河流和湖泊遗迹，为数亿年后的我们展现了曾经的景象。那些目光远大的人已经开始想象在那里进行大面积种植，500年到1000年后，这些植物可能会使火星的大气层富含氧气。到那时，火星将与地球相似。如果地球无法继续支撑人类的需求，（一些支持者认为）火星将成为潜在的庇护之所。杰夫·贝索斯和埃隆·马斯克都非常认真地提出过这一设想：未来的火星将有能力支持一个独立的人类社群，那时的人口不是数以千计而是数以百万计。这些创新设想有时也会包含或反对那些将巨大、自由漂浮的太空栖息地作为地球环境不再适合人类时的避难所的想法。一种相反的观点认为，如果我们无法解决在地球上造成的困境，也就永远不可能以重新开始作为解决之道。无论如何，实施有效的措施稳定地球气候和生物圈，维持地球适合生命生存，远比改造另外一个星球，从零开始创造一个生态系统要容易得多。这种观念的对比将在本书第七章——对太空移民设想的批评中再次出现。

对那些梦想改造火星的人来说，有一个非常直接的挑战：是否能够在地球上成功创建一个"生物圈 3 号"（Biosphere 3）？"生物圈 2 号"（Biosphere 2）是一个位于亚利桑那州沙漠的由私人资助的研究站，旨在建立一个自给自足的生物圈，这将是火星或太空移民的序曲。在这个生物圈里，8 个人在没有任何外界援助的情况下，能够在农业区、草原、湿地和雨林生活 2 年。20 世纪90 年代初的 2 次尝试均以失败告终，当然原因有很多，包括农业、大气坍塌以及人际关系困难等方面。[20] 其中一些问题正在解决过程中，而最重要的问题是资金中断，并导致项目终止。尽管对"生物圈 2 号"成果的准确解释仍有争议，但在火星上开始建立一个能够自给自足的栖息地之前，先在地球上建立一个有生命力且能够自给自足的类似栖息地是一个完美的想法。当然，目前最大的问题是，人类活动对整个地球的影响。反对火星改造的论据是，人类在地球改造上表现得很糟糕。

反对改造火星的较为温和却更有力的理由和反对移民火星

的理由一样：这并非必需之举。改造一个星球的所有计划都必定会对那里产生大规模破坏，我们将毁掉深入研究火星数十亿年来保存的完好状态的可能性，也很可能毁掉那里的古生命及其消亡的线索。此外，鉴于人类的不可靠性，我们不仅可能会破坏那个"旧"火星，而且无法创造一个成功的"新"火星。

金　星

如果火星改造的前景令人质疑，那么其他行星的改造能否实现呢？科学家约翰·格伦斯菲尔德（John Grunsfeld）建议我们考虑一下那颗几乎没有什么存在感的、地球的孪生兄弟——金星。[21] 远大于火星的金星，在公众认知以及人类的居住考量两方面备受质疑，它那厚重的、令人窒息的二氧化碳大气层——夹杂着硫酸和其他化合物，使大气不透明，而且"温室效应"将行星表面温度提高到华氏 800 度以上。格伦斯菲尔德指出，如果能够引入可以代谢氢分子和硫分子的细菌，我们就能增加金星大气的可见度，使热量更有效地逸出，从而将行星表面冷却到一个可以承受的温度。当然，这个项目将面临同改造火星一样的技术和道德障碍。

行星探索的身体感受

让我们暂时把改造整个星球的宏伟计划放在一边，回到一个更基本的问题上来：我们希望看到人类登上火星的愿望究竟有多强烈？如果想要评估一下自己对此愿望的强烈程度，可以试试下面的方法。想象一下，技术的进步可以产生一种高级形式的虚拟现实，允许通过感官将你传送到火星上。这样，你就可以感觉自己在火星上行走，感受火星的微风，观看奥林匹斯山（Olympus Mons）或塔尔西斯山丘（Tharsis Tholus）的日落，或者欣赏南极冰盖边缘短暂存在的溪流。这和你亲身前往火星旅行的区别又在哪里呢？对宇航员来说，亲自到达火星，比通过这种先进的虚拟探索装置前往更重要吗？如果你认为身临其境比虚拟探索能够揭秘更多，那么你已经得出了我们需要宇航员的结论。如果你认为只是在虚拟环境中探索火星就不是真正的探索，这反映出你的愿望是亲身体验探索火星的经历。

理性地说，这种类型的虚拟现实可能永远不会实现，尤其是地球和火星之间的任何传输都需要至少几分钟的时间。但是，尝试在珠穆朗玛峰而不是火星上完成这种神游：如果没有身体力行地爬到山上却能感受登山者的全部经历，对你来说这和真正的登山有很大区别吗？

埃尔顿·约翰（Elton John）在他的歌曲《火箭人》（*Rocket*

Man）中唱道："火星不是生儿育女的好地方。"[22]很多希望在这颗近邻行星上看到人类定居的人认为他错了。是的，探索火星——了解它的地质情况，寻找古代生命痕迹，在液态水存在的地方寻找生命的可能，揭示火星历史以及它如何与太阳系的起源和演化相呼应，通过无人机绘制整个星球表面的地图，并找到引起关注的具体地区，这些都是让我们所有人着迷的伟大目标。但实现这些目标，我们不需要人类宇航员，他们的存在将不可避免地对周围环境产生影响，如果想要确保我们可能发现的任何生命形式属于火星本地，这一点需要引起特别关注。当我们把不断改进的机器人送达那里时，它们证明我们实实在在到达了火星——不是某个具体的人类，而是我们每个人、地球上的每个物种，共同有能力以一种高效和生态无害的方式探索另一颗星球。

第 六 章

小
行
星

远离火星之外，距离木星 1/3 的距离，有一群被遗忘的较小天体，它们是 46 亿年前形成的太阳系的一部分，继续沿着与行星相同的方向围绕着太阳运行。太阳系由星际气体和尘埃组成，木星强大的引力阻止了这些物质组成另一个星球的可能。如今，这些未来行星的碎片，从最大直径为 600 英里的小行星谷神星，到直径远小于 1 英里的行星碎片，大小不等。每一颗巨大的小行星内部的自引力将它们塑造成近似球形结构，但较小的小行星的形状则比较随意。小行星大小分布遵循自然界反复出现的规律：越小就越多。直径超过 100 英里的小行星不到 100 颗，但直径超过半英里的小行星有 10 万多颗。¹

　　对于宇航员是登陆火星还是去小行星，公众的态度存在着明显的差异。尽管小行星蕴藏着丰富的矿产资源，而且由于它们的引力势阱不大，所以相对容易接近。然而要等到相当长时间后，才会有人把小行星提到太阳系探索这个话题的台面上，而听到有人坚持认为应该由人类宇航员而不是机器人来探索或开发小行星，则可能是更久以后的事情了。如果这些小行星是在地球和火星之间而非火星和木星之间运行，那么宇航员探索这些小行星的重要性也许就会引发一场严肃的辩论了。然而，即使是在那些对这个问题有着浓厚兴趣的人群中间，在这个问题上引起争论的可能性是很小的。

人们之所以对这些缺乏兴趣，部分原因是它们实在过于遥远。那 100 颗最大的小行星运行在比火星轨道大 85% 的轨道上，相应地，它们离我们的距离也比火星更远。然而，一小部分体型较小的小行星的运行轨道比大一点的小行星离太阳更近，这是由于木星的摄动，以及它们相互之间近距离接触的结果。因为它们当中有的轨道和地球相交，所以，这些较小的小行星中有些可能会同我们的地球产生撞击。6600 万年前，一颗 6 英里宽的小行星撞击了尤卡坦半岛。这次撞击产生了巨大的环绕地球大气的碎片，遮挡住了太阳，数月后才落到地球上。发生在同一时期的恐龙灭绝，极有可能和此次撞击有关。天文学家一直观察和跟踪那些更大的穿越地球轨道的小行星，尽管在接下来的几百万年里发生此类灾难性撞击的概率非常低——例如，天文学家认为，在 22 世纪最后的 25 年里，直径 500 码的小行星贝努（Bennu）撞击地球的概率为 1/270。

小行星是太阳系中变化最小的天体之一。在数十亿年的时间里，小行星没有受到任何地质作用的影响（也许最大的小行星除外），相对来说也没有受到太阳风粒子轰击的影响。它们的表面——当然它们的内部更是——包含着太阳系形成过程的原始记录。月球的陨石坑表面，同样承载着我们太阳系附近数十亿年的撞击历史，包括小行星形成后不久的几次巨大撞击，这些撞击生成了熔岩湖，这些熔岩湖冻结形成了月球的"海洋"。小行星内部深处比月球内部更容易探测，这为揭示太阳系天体形成的早期历史提供了一条更容易的途径。

把样品带回地球：糸川（Itokawa）和贝努（Bennu）

与登陆火星的盛况相比，全球天文团体已经默默地完成了首次将小行星物质带回地球的任务，这些小行星并非大型主带小行星，而是两颗穿越地球轨道的小行星——糸川和贝努。这两颗小行星相对较近，它们的体积和质量也都很小，很容易接近和离开，这使它们成为这些历史性任务的绝佳目标，是继月球之后首个获取物质样品的天体。

2005 年，日本航天局将其自动航天器"隼鸟号"（Hayabusa）送入小行星糸川的运行轨道。糸川是个长约 1000 英尺、形似花生的天体。[2] 由于糸川是由大小和形状不等的岩石松散地结合在一起的，故又被形象地描述为"碎石堆"。探测器在那里做了短暂的停留，收集了大约 1500 颗沙尘颗粒。2010 年，"隼鸟号"

返回地球后，通过实验室对样品进行的分析表明，构成糸川的陆地岩石的主要成分是硅和氧，其中含有大量水。事实上，在我们的星球形成后不久，可能就是类似这样的小行星，在将水带到地球的过程中发挥了重要的作用。

第二个也是更具雄心的小行星考察项目，该探测器有一个很具煽动性的首字母缩略词名字："奥西里斯 –REx"（OSIRIS-REx，也称"冥王号"），即起源（Origins）、光谱释义（Spectral Interpretation）、资源识别（Resource Identification）与安全 – 风化层探测器（Security – Regolith Explorer），这是一个刻意且略显牵强的名字，意在致敬古埃及生育和复活之神。³ 通过此探测器的名字我们能够了解到，它可以分析小行星表面反射的光（光谱释义），以确定其成分（资源识别），并从其风化层——岩石、岩石碎片和表面尘埃中获取样品，以便带回地球实验室进行研究分析，从而通过风化层提供的线索了解太阳系形成的具体细节。

贝努小行星的构成，以及相对接近地球的距离，正是这两个关键特征，使它成为美国国家航空航天局选择其作为"奥西里斯 –REx"探测器的目标。贝努属于一小类被称为炭质球粒陨石的小行星，是富含碳元素及微量元素的球粒陨石天体。对炭质球粒陨石多年的研究表明，它们含有太阳系中最原始的物质，在过去 46 亿年间几乎没有改变。很明显，这是一个曾经巨大天体剩下的一部分，其处于形成阶段的行星在太阳系历史的最初几年解体了。许多炭质球粒陨石含有氨基酸——这些小分子在地球生命中形成了更大的蛋白质分子，这提高了在它们之中存在生命的可能性。

贝努是一个直径约为 1600 英尺的巨大球形炭质球粒陨石星体。然而，贝努并没像其他陨石那样，在高速穿越地球大气层后发生改变，而且，它巨大的体积意味着其内部结构远比其他陨石内部复杂得多。2016 年 9 月，在美国国家航空航天局的指令下，"奥西里斯-REx"执行了一系列复杂的轨道机动，并在 27 个月后到达贝努小行星。在接下来的一年里，地质学家研究了该小行星表面，并选择了一个地点部署采集地质样品，该航天器于 2020 年 10 月获得了样品。由于采样器的盖子没能完美关闭，导致一些地质样品从采样头撒落，但美国国家航空航天局肯定地宣布，超过 1 磅的贝努样品已经踏上一条复杂的归途，并于该航天器离开地球 7 年之后的 2023 年 9 月返回。

科学之外：小行星带来的财富

除了科学研究的成功之外，某些小行星还因其蕴藏的矿产财富而受到广泛关注，它们能够激发人们对财富的梦想，而非仅仅单纯的贪欲。其中哪些是有价值的呢？不是最大的那些，也不是绝大多数较小的，因为这些大多是由岩石和金属矿石混合构成。如果太空栖息地普及开来，这些小行星可以提供建筑材料，以及将岩石中冻结的冰作为水的来源。然而，所有小行星中的少数几乎完全由金属构成：除了铁和铜之外，还有更高价值的金属，如铂以及其他许多现代技术中必不可少的材料。[4]

这些小行星因为体积很小，所以所含金属的比例非常高。包括地球在内的较大的太阳系天体与之有所不同，这是因为其内部塑性使重元素得以沉入核心位置，从而生成富含金属的内部区域，以及金属贫瘠的外部结构。那些富含金属元素并尚未被分化的，因为距近地轨道较近，被称为近地小行星（Near-Earth Asteroids，简称 NEAs）的天体是最具潜力的小行星。一些此类小行星的铂含量可能比南非最丰富的铂矿储量高出 10 到 20 倍。

小行星涅柔斯（Nereus），亦被天文学家称为小行星 4660，它的大小和贝努小行星相似但形状略微拉长，尺寸为"500×320×320"码。其反射阳光的方式使天文学家认为，涅柔斯大部分是由顽辉矿石构成。顽辉石主要由硅、氧和镁组成，与地球上的硅酸盐矿石相似。由于极高的镁含量使其具有巨大价值，在地球上镁元素经常与含量不大的元素共同出现，如锰、钴、银和金，以及一些稀有金属：钼、锇、铂、钨、钌、铼，还有目前最有价值的钯和铑——汽车催化转化器的必需材料。

尽管对催化转化器的需求有可能随着电动汽车逐渐成为主流而很快消失，但现代文明已经发展出对稀土元素多种多样的需求，这些元素是：镨、钷、铒、铽、铈、钇、镱、镝、钆、镧、钬、钕。如果没有这些元素，我们就不会有现在的电脑硬盘、锂电池、大功率磁铁、智能手机、数码相机、核反应堆控制棒、混合动力汽车电池、风力涡轮机、喷气发动机、太阳能电池板、合金钢以及许多其他现代化便利设施。其中一些元素只存在于地球上某些危险地区，或蕴藏在某些国家。一颗富含这些元素的小行星，哪怕仅是其中几种稀有元素，都意味着其丰富程度远超当初加利福尼亚州和阿拉斯加州发现的金矿。

我们可以将涅柔斯与 1963 年在安大略省蒂明斯附近发现的北美洲最大矿体的价值进行对比。[5] 这个矿床的大小与涅柔斯的大致相同，含有大约 3000 万吨矿物质，其中包括 12000 多吨银和 6000 多万盎司金。按照目前的估值（黄金价格接近 1800 美元每盎司），也就是说蒂明斯矿床中蕴藏着超过 1000 亿美元的财富。

上述这些以及更多非常有价值的东西，都遍布于像涅柔斯这样富含矿物质的小行星上。2015 年，未来主义工程师彼得·戴曼迪斯（Peter Diamandis）预测，第一个万亿富翁将在太空中诞生。[6]一年之后，尼尔·德格拉斯·泰森也表示赞同："第一个万亿富翁很可能是开发小行星矿产资源的人。"[7]两年之后，参议员特德·克鲁兹（Ted Cruz）大胆断言："我预测第一个万亿富翁将在太空中诞生。"[8]（然而，我们完全可以在载人登月、登陆火星或小行星之前就目睹世界上第一个万亿富翁的出现，只要埃隆·马斯克或杰夫·贝索斯的净资产再增加 5 倍，他们其中之一就能成为世界首位跨越万亿美元门槛的富豪了。）

再过不到 40 年，也就是 2060 年，涅柔斯将接近地球，来到距离地球 75 万英里的位置——仅为地月距离的 3 倍。对于那些致力于寻找合适材料用于某些地方（如在太空建造巨大建筑）的人来说，涅柔斯比月球更有优势，实际上比任何行星的大型卫星都有优势。那些大得多的天体相应的引力势阱更深，就需要更大的能量才能将任何物质从其表面带走。涅柔斯的引力势阱很浅：物体在其表面的引力只相当于月球的 1/3000。在涅柔斯上采矿作业，仅需少许能量就能将矿物质运入太空。

更遥远的地方：主带小行星开采

那些怀揣着超越相对较小的和地球轨道交集的小行星梦想的人，已经将眼光聚焦在像灵神星（Psyche）这样的小行星上了，它是一颗典型的主带小行星，永远保持自己处在距地球距离比涅柔斯远 100 多倍的地方。灵神星是那十几个最大的小行星之一，但仍然太小了，所以无法将自己像其他行星那样塑成球形，它的直径尺寸是 173 英里、144 英里或 117 英里（这取决于选择哪个轴作为其直径）。这颗小行星的魅力在于，它是太阳系中主要由金属构成的最大天体，也许在 45 亿年前，它曾是一颗潜在行星的地核，却始终未能扩大。光谱分析显示，灵神星主要由铁和镍以及相关元素构成。它所含的原始矿产含量是涅柔斯的

2000 多万倍，这也让它拥有了巨大的商业价值。灵神星围绕太阳公转轨道较长，它与太阳的距离是我们和太阳距离的 2.5 倍到 3.3 倍，这也意味着我们将灵神星物质带回地球所需的航行距离为数亿英里。正如本书第二章所示，更远的距离需要更长的时间，但不一定需要更多的能量，因此，通过自动航天器将这些意味着财富的矿石从灵神星带回地球，就是个非常不错的选择了。

在不久的将来，这些在小行星上攫取财富的设想中，哪一个更接近现实呢？政府和私人企业都认真研究了，从近地小行星到更大的主带小行星上获取这些梦寐以求的宝藏的可能性。2013 年，美国国家航空航天局启动了小行星重定向任务（Asteroid Redirect Mission，简称 ARM），这是一个开发自动航天器的项目，任务计划让航天器从近地小行星上带回一块含有贵重金属的巨大矿石。该计划还考虑开发一种航天器，它能够操纵部分或整个小行星进入绕地轨道。即使是一颗直径约 25 英尺的普通小行星，也可能蕴含 1000 吨太阳系诞生时生成的宝贵矿石。然而，就像美国国家航空航天局之前的很多项目一样，小行星重定向任务也于 2017 年被取消，该任务被暂时搁置①。⁹

在美国国家航空航天局开始小行星重定向任务的同一年，

---

① 2021 年 12 月，NASA 发射了"双小行星重定向测试"（DART）航天器，它成为全球首个在太空中执行撞击小行星并验证主动行星防御技术的任务。——编者注

私营小行星采矿行动向前推进了一大步，成立了深空工业公司（Deep Space Industries，简称 DSI），这是一家旨在开发机器人探测器进行小行星采矿所需技术的私营企业。[10] 其总部设在卢森堡，并希望将这里打造成小行星采矿业中心。深空工业公司计划研发自己的全自动飞行器，离开近地轨道前往近地小行星并获取当地矿物质。该公司在被布拉德福德实业公司（Bradford Industries）于2019 年收购前一直享有很好的声誉，后者宣布将专注于航天推进系统，而不是小行星矿业开采。行星资源（Planetary Resources）是一家成立于 2009 年、斥资万亿美元进行小行星采矿业的美国公司，在（本书写作的）几个月前，被共识系统公司（ConsenSys）收购，主要致力于将区块链技术带入太空。[11] 在过去的 10 年里，行星资源公司从风投大鳄——如查尔斯·西蒙尼（Charles Simony，即 7 位感受过太空旅行的富豪中唯一自费前往国际空间站 2 次的人）和谷歌创始人那里获得了巨额资金，用于发射 2 颗实验卫星以寻找最有价值的小行星。但由于额外融资的失败，该公司后来被共识系统公司收购。

2049 淘金潮？

虽然美国国家航空航天局和上述公司已经放弃了小行星采矿和回收的计划，但我们可以预见，未来几十年将会看到类似的、更大投入的计划，试图从那些太阳系原始岩石中获利。目前，由于这些几乎都还处于酝酿阶段，我们可能会发现它们与将人类送上火星的计划有着异曲同工之处。

首先，正如本章开篇提到的，公众对火星和小行星的认知是截然不同的。仅仅用机器人去探索火星的计划，对大多数人来说是不具吸引力的，大家的欲望为影视作品中的宏大场面，以及不断灌输的"我们太空航行的下一站是火星"的观念所激发。与之形成鲜明对比的是，公众对开采小行星的兴趣仍然非常小，主要是因为大多数人不清楚它们的性质和所在位置。关于开采那些蕴藏在小行星上财富的最佳选择究竟是人类还是机器人的争论，也许最终能引起公众的关注，但就目前而言，有着鲜明观点的人仍占少数。

然而，即便是这些人，也倾向于将那些在小行星上采矿的人类视为征服新世界并从中获取价值的榜样。地球上也有类似的情况，比如欧洲人对美洲和澳洲的殖民，就体现了快速攫取有利也有弊。

在科幻小说中，也可能是未来的现实生活中，小行星上最初的人类矿工将组成一个顽强且与他人格格不入的群体，他们构成了一个松散的社会形态，就像19世纪的加利福尼亚、澳大利亚或阿拉斯加。来自不同国家的太空武装或大公司的雇佣兵，会为了小行星上富含的黄金或其他有价值的东西展开激烈争夺。我们可以想象，实力更强大的集团将占领最有价值的地方，而那些实力较弱的竞争对手则只能在贫矿地区苟延残喘。至少在较大的小行星上，早期的机器人探索者将被那些装备精良、技术高超的人类取代，他们将操作强大的专业机械来采矿以及为运输做好准备，并将它们送上航天器以运到所需的地方。

虽然这些工作似乎仅对那些直接参与的人来说是危险的，但小行星采矿所带来的问题——因为引力势阱作用力不大，导致灰尘和碎石很容易逃逸，或者更糟糕的是有意将采矿作业中的尾矿丢弃到太空中，这些危害在主带小行星采矿中尚能接受，但对于那些离地球相对较近的小行星，我们的星球将对其施加巨大的引力，在其上采矿产生的一些废弃物可能会影响近地轨道上的活动。在极端情况下，涉及爆破的采矿可能会改变一颗小行星的轨道，从而增加与我们地球相撞的概率。

除了污染的风险，反对开采小行星的理由还包括对太阳系的所有探索。我们有权力对 46 亿年宇宙进化的产物为所欲为吗？这些权力是否根据天体支持生命存在的可能性而变化呢？我们的子孙后代是否希望发现它们时，至少大部分仍是完好无损的呢？纵观人类历史，探索总是先于开发。冒险前往新大陆的欧洲人发现了自然资源丰富的地区，也遇到了当地居民。这些欧洲殖民者认为这些土著可以为他们服务，或被驯化成他们的工具。南美洲带来了黄金和锡，非洲带来了奴隶和稀有矿产。今天，我们的观点更加开明了，也认识到我们祖先的一些行为是不道德的，回顾历史可以看到他们获得了现代文明所依赖的煤、石油、铁矿石、稀有元素和其他原料，但其代价是对气候和环境造成的负面后果。

在对近期最有可能的勘探目标的调查接近尾声时，我们或许可以参考本书开头引用的大卫·斯珀格尔的富有洞察力的评论："人类历史展现给我们的是，我们首先是把事情搞砸，然后才能把一部分做对。"作家拉里·尼文（Larry Niven）认为"恐龙之所以灭绝是因为它们没有太空计划"，但斯珀格尔以一种极端的表达反驳了尼文："恐龙之所以存活了 1 亿年，正是因为它们没有太空计划。"[12]

对于未来开发小行星的展望，并没有给"人类宇航员和机器人谁更有优势"的辩论中任何一方增加多少说服力。从本质上说，那些寻求在小行星的矿产中获利的人，没有一个关心它是由纯粹的机器人开采的，还是被使用铁镐和独轮车的人类挖掘出来的，抑或是来自人类监工下的机器人奴隶（科幻电影中常会出现的场景）之手。虽然小行星古老的表面和内部是了解太阳系早期历史的关键，但公众对太阳系探索的兴趣不会和自身利益挂钩。现在，只要我们的注意力从火星移开，那么如何最好地进行太空探索的争论也就偃旗息鼓了。既然已经说到这了，各位读者不妨跟随我们再将对未来的想象抛得更远些，超越那个"地球人移民火星"的计划，转而想象太空移民。

第 七 章

太空移民

关于如何最好地利用太阳系的原材料，目前最深远的设想是在围绕太阳的轨道上建立巨大的定居点，这个定居点远离任何天体的引力、大气层，或者任何可能影响我们建设能力的不稳定地表。无疑，这一设想对有些人来说是难以接受的。纵观历史，深刻意识到我们所处社会的结构缺陷的哲学家们一直梦想着更好的制度。从朴素的伊甸园，到 4 世纪的桃花源、佛教中的翅头末城、中世纪人想象中的安乐乡 ①、16 世纪托马斯·莫尔（Thomas More）笔下的乌托邦，再到更加现代的政治社区，从马萨诸塞州的布鲁克农场到亚利桑那州的阿科桑蒂，人类一直梦想着在地球上建造更好的国度。到了 20 世纪，人类将这一精神工程带到了天域，工程师和技术专家取代了哲学家，他们

---

　　① 原文为 Cockaigne（或称 Schlaraffenland），是中世纪放浪形骸的游吟诗人所作拉丁文讽刺诗中的常见主题，反映了对基督教苦行主义的怨恨。——编者注

试图在具体现实中创造更美好的世界，而不只停留在文学比喻层面。

人类太空定居点的愿景可以追溯到 20 世纪初俄罗斯航天先驱康斯坦丁·齐奥尔科夫斯基，他坚持认为"地球是人类的摇篮，但人类不能永远生活在摇篮里"。几十年来，齐奥尔科夫斯基的这句话未能受到持续关注，即使科学家、火箭工程师和战争专家制造出越来越强大的火箭，并将宇航员送上月球，最终通过这些火箭发射地球轨道实验室，在那里宇航员可以了解如何在太空生活数月之久。1969 年，人类的首次月球登陆引起了全球关注，普林斯顿大学的物理学家杰勒德·奥尼尔（Gerard O'Neill）提出了一个想法，这个想法也最终成了他的执念：建立太空定居点，人类将在那里繁衍、生活。[1]

作为改进粒子加速器的革新人物，奥尼尔有着一项令人印象深刻的记录，包括"储存环"，它极大地帮助实验人员将基本粒子加速到高能。因受到那些强烈抨击科学在战争期间间接参与武器制造，但又为太空移民概念所激励的学生们的启发，奥尼尔开始就这个更有吸引力的话题展开写作并组织会议。在公众的抽样调查中，一大批有创造力和有进取心的年轻物理学家对他的观点推崇备至，其中就包括蒂莫西·利里（Timothy Leary），他曾因推广通过麦角酸二乙基酰胺（Lysergic acid diethylamide，简称 LSD）① 来感知新现实而闻名。这些拥戴者发现，在设计全新环境的过程中存在着巨大的挑战，其实对很多人来说，更大的挑战是这些环境如何在新时代引领人类思想、活动及其相互影响。

奥尼尔和他的追随者在科学和设计方面进行了分析，得出了一个太空定居地的基本设计方案。试想一个巨大的圆柱体，长 1 英里，宽几百码，它的长边由固体材料制成并镶嵌着透明的窗户。圆柱体的旋转产生一种通常被称为"离心力"的效应，通过圆柱体的长表面模拟地球引力，给人和物体带来重力作用。大窗户的外部镜面反射和改变日光，使得圆柱体内部固体表面能够建立城镇、公园和农业用地。

20 世纪 70 年代末到 80 年代，奥尼尔的观点所蕴含的挑战和机遇吸引了各行各业的支持者，他们中有尖端工程领域的从业者，也有充满奇思怪想的人。有的人将其看作逃离日益恶化地球的避难所；另外一些人则希望在那里，每个"族群"都能在自己的文化创造中其乐融融；还有的人强调开始就建造一个健康的环境，并把疾病和恶化的生态留在我们原始的星球上。1988 年，当时的众议院议员比尔·纳尔逊担任众议院科学、空间和技术委员会的太空小组委员会主席时，美国国家航空航天局授权法案包含了这

---

① 这是一种强烈的半人工致幻剂，常吸附于印有特殊图案的吸水纸上，俗称"邮票"，在中国被列入精神药品管制目录，属于第一类精神药品。——编者注

样的条款："国会宣布，人类生命将延伸到地球大气层之外，这将促进太空定居点的建立，实现推动科学进步、探索和发展的目的，同时生活水平也将普遍提高。"[2]另一项规定要求美国国家航空航天局就若干问题——包括建立太空永久定居点所需步骤，每年提交 2 次报告（在提交了第一份报告之后，美国国家航空航天局不再继续，显然他们认为那完全是没有必要的）。

艺术家们通常喜欢把太空定居点描绘成令人心驰神往的地方，像是一个度假胜地，一个结构完善的曼哈顿，又或是一个我们想象中近乎完美的世外桃源。如果我们问：谁愿意离开这个纷乱的地球社会和美丽的自然环境，被禁锢在那个封闭且脆弱的太空环境中？我们会看到答案有些是肯定的，有些则是否定的（这就是人类！）——前一类人往往忽视了在太空中维护一个巨大的人工结构的困难和危险，以及在建造过程中所涉及的技术挑战。例如，类似地球内部空间的空气压力需要外墙具有巨大抗拉强度，这就需要开采大量的材料，然后在开采地或目的地对其进行加工。无论哪种情况，都会引出一个巨大的问题，即如何运输这些巨大的固体材料？奥尼尔提出，磁力驱动的"质量加速机"可以将物质材料发射到任何需要的地方。这虽非空想，但即使是比奥尼尔设想的规模小得多，目前也很难实现。

现在，让我们考虑一个在当下看来极不可能的情况：假设勇敢的拓荒者能够克服这些挑战，其中一些拟议中的定居点是由充满渴望的太空移民建立的，并且就某种程度而言这些定居点在经济上是可行的。在这种情况下，未来太空定居地的倡导者会声称没有什么可以限制我们，并呼吁建造更大的定居点——也许 10 英里长，也是通过旋转模拟重力，因为其宽度而不似小型定居点那么快。与其占据地月系拉格朗日点附近能够提供稳定性的区域，每个第二代太空定居点都可以拥有属于自己围绕太阳运转的轨道，并远离其他行星。

尽管奥尼尔的愿景是在太空定居点建立一个社会，它在组织和规则上都优于地球上存在的任何社会，很多他的支持者都坚信，一旦我们的星球不再适合居住，这些定居点能够保护人类。很多包括像埃隆·马斯克和斯蒂芬·霍金（Stephen Hawking）这样的知名人士都表示，他们担心这场危机将在大约一个世纪后降临。因此，他们敦促人们开展向其他星球移民的努力，建立一个新文明的核心以便在地球灭亡后幸存下来。2016 年，马斯克在国际宇航大会（International Astronautical Congress，简称IAC）上表示，我们面临着两种结果间的关键选择："一种是我们永远留在地球上，并面临必将发生的灭绝事件；另一种选择是扩展文明至太空，并成为跨星球物种。"[3] 然而，对杰夫·贝索斯和其他人来说，避免在地球上灭绝的道路不是前往火星，而是太空移民。[4] 火星只能提供与地球相同的陆地面积，而太空定居点可提供的空间要大得多——只要我们有能力建造。[5]

很多支持奥尼尔设想的人预见到这样一个时代：多元的新环境可以接纳有着各种不同需求的多元社会，来自地球的移民可以自由选择最适合他们的社会组织。政治学家丹尼尔·德德尼（Daniel Deudney）则持反对观点，他将一系列可能使太空定居点倾向于"不自由"的因素进行了分类。[6] 他的预测包括：任何太空定居点在获取食物、水、空气、进入和离开定居点，以及和其他太空定居点分享信息的机会，将会受到中央统一管控，每个小规模的定居点都会对社会一致性产生巨大压力；而这又容易导致敌视自由的邪教兴起，为了经济上的成功，任何太空定居点都需要集体努力并阻止个体自治，一些个体的不可预测性以及可能的犯罪活动，都需要受到持续的监管，以避免可能削弱或毁灭整个定居点的灾难；同时，人口增长必定会受到严格的调控，一个太空定居点甚至有可能通过霸权的方式，将其他定居点纳入自己的帝国，最终通过相互进攻重演地球上曾经的悲剧。

如果我们暂且认为德德尼的担忧只是虚幻的，而将注意力集中在有多少定居点，以及多少人可以居住在太阳系那些几乎空旷的地区，我们可以简单直接地进行一些计算。一个 1 英里宽、10 英里长、表面面积约为 20 平方英里的太空定居点，在人口密度和曼哈顿相似的情况下，这个空间可以容纳几百万人来生活（在奥尼尔更为详细的计划中，农业区将位于中央圆柱体之外的独立区域）。因此，几千个这样的定居点就可以容纳地球上的全部人口，而 100 万个这样的定居点就能让几万亿地球人在太空中度过一生。

制约这一设想的是这两个基本资源：原材料和能源，而它们其实远比人们想象的要丰富得多。在地球与太阳之间，我们获得了大约十亿分之一来自太阳的能量。如果我们依靠太阳能来支持地球文明，这应该是可行的。从理论上来说，太阳的总输出量足以为超过地球 10 亿倍以上的人口提供能源。通过建造外层相对较薄的太空栖息地，我们会发现，月球或一些较大的小行星，可以为我们大规模建造太空定居点提供所需的一切。在轨道动力得到正确控制的情况下，这些太空栖息地可以获得大部分的太阳能。2050 年地球人口预计将破百亿，乐观的人声称，从现在到几千年后，太阳系足以容纳数以兆亿的人口。

有些人会觉得这幅景象非常迷人，而有些人则认为这简直是场噩梦。宇宙化学家约翰·刘易斯（John Lewis）在 1997 年出版的《太空开采》（*Mining the Sky*）一书中哀叹道："只要人类人口总数像现在这样稀少，我们所能取得的成就势必会受到严重限制。"刘易斯强调："人类的智慧是未来的关键……只有一个爱因斯坦、一个葛饰北斋（Hokusai）、一个莫扎特（Mozart）、一个达·芬奇（da Vinci）、一个商羯罗（Shankara）、一个普朗克（Poulenc）、一个阿瑟·阿什（Arthur Ashe）、一个比尔·盖茨是不够的，我们需要也可以拥有百万个这样的人……生命不是物质的毒瘤，他是物质对自身的超越……智慧生命一旦被太空资源解放，将是太阳系中最伟大的资源。"[7]

一个显著的不一致严重削弱了这些宏伟太空项目的大多数设想。出于必要，支持者将它们设定在当今社会的背景下。然而，即便是到 21 世纪中叶，剧烈的地缘政治变化也可能（必定）会发生，这种变化就成了加速建造太空栖息地的坚实基础。航天国家的经济体系可能会发生巨大改变，可能朝着财富均等的方向发展，也可能向相反方向转变。这些新的变化，使人们不清楚太空栖息地是由（单一或联合）政府资助，还是由旨在成为新帝国统治者的极其富有的"新海盗"资助。

影响这些改变的一个因素是新技术的出现，这些新技术将改变人类在地球上的生活方式。就像今天的智能手机，在尼尔·阿姆斯特朗看来近乎魔法一样，超级先进的计算机也将使未来的变革成为可能，比如人工智能，当然还有智能机器人。硅芯片已经重塑了我们的日常用品和社会互动，它还会变得更加强大，提供对整个人口进行持续监控的能力（这也是令很多人担忧的能力之一）。从积极的方面看，推动系统和材料强度方面的进步，可能会改变我们对太空飞行和太空建设的看法。

更有影响力的（如果可能的话），将是应用于我们生物发育的基因组学。人工智能系统将被证明能够推断出优化特定人类（或动物）特征的基因组学，并合成具有这些特征的基因组。因此，"设计婴儿"在两种意义上都是可行的。即使有了先进的基因组学，我们在增强人类大脑容量和处理能力方面也可能是有限的，但电子计算机没有任何限制（量子计算机就更不在话下了）。"思考"，无论如何定义，都将越发成为人工智能的领域。我们可能正在接近传统达尔文进化论的终结，以及智能生物技术进化的开启。在遥远的未来，我们的后代可能是半人半机器的赛博格（Cyborg），而不再是完整的血肉之躯。

除非在我们拥有太空避难所之前发生灾难，大多数未来主义者都认为，机器将逐渐超越人类，并在人类特有的能力方面变得越来越强大，这些只是迟早的事。一些乐观主义者甚至预言，这一目标将在几十年后实现，而保守的预测则认为这将是未来几个世纪的事。然而，这两种态度预测的时间长度与达尔文选择论的人类出现的时间相比，都仅是弹指之间。与之相关地，这两种观点都没有对贝索斯以奥尼尔整个太阳系移民为基础的愿景进行时间上的预测。

出于审慎和道德层面的考虑，我们或许希望即将实现的"人类增强"技术，能够在地球上受到严格监管。移居到火星栖息地或太空定居点的人将远远超出监管机构的控制范围，一些支持者认为，这正是创建这些监管机构的原因之一。这些美丽新世界的全新环境将激励或迫使定居者重新塑造自己，以便更好地与周围环境和谐共处。为了做到这一点，他们可以利用未来几十年规范发展起来的超强基因技术和赛博格技术。我们应该为他们祈祷，祝福他们经过"改良"的子孙后代能更好地适应新的外星环境，这也许会导致新的物种分化。那些对这种理念持欢迎态度的人们，将会抛下在地球上舒适生活的同类，前往新的疆土。

有机生物几乎肯定需要行星或大型卫星上的陆地或海洋的

支持，但如果后人类过渡到无机智能体，他们将不再需要一个提供支撑的表面和大气层。因此，在考虑寻求建造大型结构时，他们也许更喜欢失重状态。如果是这样的话，深太空（不是地球，不是火星，不是旋转的太空定居点内部）将会见证先进的非生物大脑发展出人类难以想象的能力。再回到地球，我们和这颗星球上所有其他生物群的进化，已经使我们适应了这里的生活。因此，在我们的进化过程中，任何巨大的变化都以不同的方式缓慢发生。尽管如此，我们和我们那些自由生活在太空中的表亲们，共同承担着确保人工智能始终对人类保持友好的责任。

如果这些看似不可思议的发展，在接下来的几个世纪里发生了（看似非常有可能），将会驳斥"通过大量的太空栖息地把'我们'分布在整个太阳系"的断言。相反，如果利用世俗智慧的设计，这个过程会比达尔文的自然进化论快 1000 倍，并产生各种各样的后人类，他们的外表、生活方式和从事的职业都将五花八门。

任何关于太空栖息地的设想，是否能够成为现实仍然是不可知的。然而，我们可以理直气壮地说，它们完全遵循了所有基本的物理定律，无论那些努力将其中一个或多个设想变成现实的动机是什么，无论这些设想的刺激因素是什么——全球合作、大国较量、宗教派别以及拥有巨大资源的个人，我们都有理由为之憧憬。在某种程度上，一场全球性的灾难不仅可能毁灭人类，而且可能阻碍后人类未来发展的巨大潜力。因此，太空栖息地和火星定居点就似乎是一个明确的选项。另外，干涉现有生态环境系统也有其消极性。目前，这只影响到那些可能存在于太阳系其他地方的简单生命体。在遥远的未来，类似的分析还可能涉及那些临近行星系中更高级的生物。

即使是那些像作者一样，认为庞大的太空栖息地没有吸引力或不可行的人，也对贝索斯所提倡的一种有限愿景感兴趣，即他建议将重污染工业，也许还有集约化农业迁至地球外的太空轨道上。这些设施可以由机器人来建造和操作，从而解放地球，为人类提供一个草木更为茂盛的美丽家园。

其他星系定居点

在考虑太阳系空间定居点可能性的同时，我们可能会顺理成章地想，这是否可以被用于向其他恒星系旅行。之所以在这个话题中谈到定居点，是因为即使是最近的恒星与它们的行星，也仍然距离我们十分遥远，在未来很长一段时间里，前往那里的旅程需要的时间都超过一个人的一生。即使人类能够开发出达到光速 10%—20% 的推进系统——比我们目前最好的火箭快几千倍，星际航行也需要几十年才能到达最近的行星系，到达太阳的恒星近邻则需要更久。星际飞船的合理设计是一个带有推进系统的普遍意义上的宇宙移民空间，在这种形式下，几代人可以开启，并最终完成他们几十年甚至几百年的旅程。展望未来，我们会发现，这样的旅程并不是特别适合人类，而是适合那些可以延长寿命的物种，或由那些电子实体来完成。一百万年的航行，哪怕对不断前行的人类定居点来说也是极大的挑战，但对近乎永生的存在而言，就大为不同了。（当我们考虑接触其他文明的可能性时，最好时刻记住，如果确实存在先进外星文明，而他们不希望被发现的话，这些文明几乎一定拥有避免被发现的手段。）

上述未来主义愿景很好地提醒了我们本书的有限观点——无论我们多么想要人类宇航员探索太阳系，也许我们不再需要他们。这一断言并非关于未来的几个世纪，而是 21 世纪，尤其是未来几十年。像我们兴奋地迎接 21 世纪一样，我们的子孙很有可能在迎接 22 世纪时看到宇航员登陆火星。我们不应该因为急于实现这一目标而剥夺他们的机会。正如人类登月的历史给我们展现的那样，社会发展需要冷静理性，而非为了某一结果盲目冲动。

冷静理性，当然也是相对的。毕竟，我们是人而不是机器。然而，从另一个角度看，我们仍然能够知道机器可以做什么，以及什么时候使用它们。现在，让我们回到未来太空探索所涉及的平凡任务上，其中有一个可能最容易被忽视的环节——钱！

第 八 章

全球太空探索成本

任何关于选择人还是机器进行太空探索的讨论，都将无可避免地涉及成本问题——或者更准确地说，是成本效益分析问题。我们已经看到，评估人类探险的益处，在很大程度上取决于不可量化的因素，包括其带来的喜悦和灵感。我们相信，只有人类亲自参与探险，才能履行我们的使命。其他选择人类参与探险的因素，本书第一章已有描述。

　　这些努力的代价更适合于数值分析。在确定其数量时，一些解释现有数据的困难就会产生，而在试图预测未来时遇到的常见问题则要更大。广义地说，在对比人类探索和机器探索的相对成本中最重要的因素仍然是人，人的维护成本远远高于机器，而且我们最终是要返回地球家园的。维护问题存在于人类太空航行的每一刻：在前往遥远目的地的长达数月的旅程中，在安全着陆后的数周或数月的探索中，以及在返回地球的数月中。这些需求中的最后一项，无疑极大地增加了成本，因为我们必须制造和部署一种火箭，让它有能力从遥远天体上发射并携带返回时所需的燃料。

因为目前尚不具备科幻电影中的生命暂停技术，于是面对上述第一项需求，除了为宇航员提供旅途所需的氧气、水、食物和生活空间外，没有其他解决方案。返程方案中，富有想象力的手段则包括寻找可以永久停留在目的地而无须返回地球的志愿者（显然，即使不是那些可能成为宇航员的人，这类志愿者也并不缺乏），还包括通过机器从目的地星球的土壤获取燃料或氧气（或者两者兼得；而水耕栽培——像是电影《火星救援》中的那样，可能只能等到第二次航行了）。目前，可能的解决方案是效仿"阿波罗计划"：将主要运载工具送入轨道，使用较小的运载工具从其表面发射和降落。这种方法在火星上和在月球上应该同样有效，唯一的缺点是整个运载系统增加的额外重量。现在，美国国家航空航天局的这些计划遵循"阿波罗计划"，设定了一个初始目标，即在尝试登陆之前先将宇航员送到火星轨道上，就像当年"阿波罗 8 号""阿波罗 10 号"在"阿波罗 11 号"首次登陆月球前所做的那样。

一名宇航员登陆火星的成本

我们试图确定机器人和人类探索火星的成本的一个因素是，

我们已经从实际经验中确切掌握了机器人执行此类任务的成本。近几十年来，每项重大任务的成本从 10 亿美元到几十亿不等。2003 年发射的"勇气号"和"机遇号"探测器耗资 11 亿美元，其中 7.44 亿美元用于研制和发射，3.36 亿美元用于 15 年的运行（"勇气号"于 2011 年停止运行，"机遇号"于 2018 年停止运行）。火星车"好奇号"于 2012 年抵达火星，至今已经运行了近 10 年，考虑到通货膨胀的因素，其总成本约为 32 亿美元。"毅力号"火星车 11 年的总成本预估约为 27.5 亿美元，其中 22 亿美元中的大部分用于开发和建造探测器本身，另外 2.43 亿美元用于发射，2.91 亿美元的预算用于 2023 年夏天的任务，这大概就是一辆火星车的一生。如果这一预估是正确的，那么"毅力号"的成本将低于其能力较差的前任——"好奇号"，这是对那些不断从过往经验中进步的工程师们最好的赞扬。[1]

对未来的火星探测器比较可靠的估价是每台耗资数十亿美元。然而，因为没有太多过往的经验可以借鉴，对于宇航员登陆火星并返回地球所需的成本我们可谓知之甚少。比较便宜的情况是，据自称为"火星 1 号"（Mars One）的火星爱好者小组估计，首次载人任务的成本仅为 60 亿美元，这一估计很大程度上依赖于他们的一项计划，该计划认为："火星 1 号"宇航员将留在火星，需要运往火星的机械量，以及任务的复杂性远比返回要简单得多。[2] 较昂贵的情况是，2015 年，前航天飞机系统管理者欧·格伦·史密斯（O. Glenn Smith）和月球与行星研究所（Lunar and Planetary Institute）研究员保罗·斯普蒂斯（Paul Spudis）构想了一种能够作为"宇航站"将宇航员送往火星的航天器，这个"宇航站"本质上是个缩小版的国际空间站。他们两人指出：

> 前往火星所需的最关键部分也势必是最昂贵的。一种新的航天器必须在没有补给的情况下安全地维持机组人员工作和生活 2—3 年，其必须具备当前国际空间站的所有功能而且要好得多。这些要求包括环境控制和生命维持系统，该系统可以监测和控制氧气、二氧化碳、甲烷、氢气和水蒸气的气体分压。它必须能够过滤掉杂质和微生物，通过外部冷却回路和泵提供热控制，并分配空气。这个火星系统还必须能够提供饮用水，并提供居住功能，如食物准备和生产、卫生、收集和处理代谢物、洗衣功能和垃圾回收。废物管理系统保证宇航员的健康，控制气味并延缓微生物的滋生。
>
> 其他关键系统包括发电和控制电力、通信导航、姿态控制（控制力矩陀螺仪）、运动设备、躲避不明物体的推进系统、损坏修复工具、消防设备、用于急救和持续治疗潜在的病患或因病无法行动的机组人员的医疗设备、气闸室、用于舱外活动的宇航服、机械臂和控制站、食物、额外的氧气、氮、燃料和其他消耗品。由于国际空间站长时间暴露在超量的太空辐射下，必须对宇航员进行额外的保护。

在任务期间，这些系统中的每一个环节都必须在没有补给的情况下运行，并且其可靠性应是国际空间站上相应系统的几倍。在飞行中发生小故障时，它们必须是可修复的。美国国家科学研究委员会（National Research Council）最近报告称，美国和俄罗斯在国际空间站上发生的硬件故障频率，在火星任务中是不可持续的。[3]

通过和国际空间站的比较，史密斯和斯普蒂斯估计，这种航天器的成本略高于 1000 亿美元，推进系统的成本也差不多，到 2035 年开始首次载人飞行任务，其总成本将达到 2300 多亿美元。美国国防分析研究所（Institute for Defense Analyses，简称 IDA）于 2019 年的分析估计，至 2037 年，宇航员在火星轨道飞行而不着陆的任务将耗资 1170 亿美元。

舍弃"火星 1 号"节省成本的方法，参照史密斯、斯普蒂斯以及美国国防分析研究所的设想，可以得出这样的结论：至少在未来 20 年里，人类宇航员执行火星任务的成本可能是使用机器人的 50 倍左右。尽管这些不足以解决是否要将人类宇航员送上火星的争论，但我们应该时刻提醒自己两点：我们愿望的强度，以及人类为探索火星从设想到实施过程中获得足够资金的可能性。

NASA 的支出和"阿尔忒弥斯计划"

当人们的注意力重新回到月球时，有更多的数据可以用作估算成本，这完全归功于 50 多年前宇航员的月球登陆。由于 1958 年成立的美国国家航空航天局是对苏联发射第一颗人造地球卫星的直接回应，美国国会准备批准大幅增加开支以赶上并超过苏联当时的成就和未来的潜力。1961 年肯尼迪作为美国总统宣布，美国计划将人类送上月球。随后，美国国家航空航天局的开支在 1964 年和 1965 年上升到联邦总预算的 4% 以上。随着"阿波罗计划"的结束，这一比例在 1975 年降至 1%以下，而到 2006 年降至 0.5% 以下，并在将近 50 年的时间里一直保持在这一水平。[4]

按实际美元计算，美国 2021 财年预算中军事情报计划（Military Intelligence Program）的支出为 231 亿美元，其中约100 亿美元属美国国家侦查局（National Reconnaissance Office）所有，91.3 亿美元用于军事防御，152 亿美元用于美国太空军（Space Force）。[5] 美国国家航空航天局该年的预算总额为 233亿美元，其中 45%（106 亿美元）用于载人航天，31.5% 用于科学研究，14.7% 用于设施和管理费用，4.9% 用于技术，3.5%用于航空航天，0.5% 用于教育。载人航天费用包括：用于探索的 65.6 亿美元，运载火箭 49.1 亿美元，运作费用 39.9 亿美元，安全、保障和服务费用 29.4 亿美元，13.9 亿美元用于较小预算的项目。

美国国家航空航天局的宇航员重返月球计划的核心是由美国主导多国参与的"阿尔忒弥斯计划"（本书第四章中有过描述）。[6]"阿尔忒弥斯计划"包括以下关键组成部分：

- 太空发射系统，这是一种新型的推进系统，其功率远比将"阿波罗号"宇航员送上月球的"土星号"（Saturn）火箭还要强大；

- "猎户座"（Orion）太空舱将搭载宇航员的乘员舱——它承载返回地球降落在大海预定地点的功能，以及服务舱，这是由美国国家航空航天局和欧洲合作伙伴共同建造的，它将为飞船提供动力，并为宇航员存储氧气和水。"猎户座"将使用太阳能，这比传统燃料更持久可靠；

- 门户月球轨道飞行器（Gateway Lunar Orbiter）是一个转载工具，它将带宇航员前往和离开月球表面；

- 埃隆·马斯克的太空探索技术公司制造的龙飞船 XL（Dragon XL），以类似该公司猎鹰重型火箭（Falcon Heavy Rocket）为国际空间站提供补给的方式，为门户月球轨道飞行器提供补给；

- 人类着陆系统（Human Landing System，简称 HLS）将宇

航员由门户月球轨道飞行器转送到月球表面再带回门户。2021 年 4 月，在与对手蓝色起源和动力系统公司（Dynetics Corporation）的竞争中胜出后，太空探索技术公司获得一份合同，使用其星舰火箭进行无人登月，然后进行首次载人着陆，这份合同履行之后的计划将取决于未来的竞争结果。

太空探索技术公司的星舰火箭还与波音公司（Boeing Corporation）作为主要承包商的太空发射系统竞争，以提供最好的新型重型运载火箭。两种火箭设计都使用液态燃料（太空发射系统使用液态氢，而星舰使用液态甲烷），在点火时和液态氧结合。太空发射系统的下面级有 4 个类似于航天飞机上的那 3 个火箭，以及 2 个使用后脱落的固体燃料助推器。与美国国家航空航天局的德尔塔（Delta）主力火箭类似，它有一个中间级助推器，提供额外的推力，而探索上面级为今后太空发射系统增加了更多的推升力。像美国国家航空航天局之前的很多项目一样，太空发射系统比原计划滞后了数年，同时预算也比原计划超出了数十亿美元。

太空探索技术公司设想了更为先进的星舰上面级，它将成为全面投入使用且使用寿命长的太空飞行器，能最终实现前往火星并成功返回，且垂直降落在地球以便相对容易地补充燃料以及重复使用。像太空发射系统一样，星舰能够将超过 100 吨的物资运送到近地轨道，并将超过 40 吨的物资运送到月球轨道飞行器。太空探索技术公司在减少载荷进入地球轨道的成本方面取得了显著成功，并且可能最终成功地将这一方法用于人类对火星的探索。然而，该公司的实际完成时间总是比承诺的要晚，但其支持者认为承诺最终都一一实现了才是最重要的。

2021 年 2 月，拜登政府认可了"阿尔忒弥斯计划"框架，并预计在 2021—2025 财政年度共投入 857 亿美元。现在，人们对该计划是否能够在 2024 年实现登月目标表示怀疑，而通常认为 2028 年更为现实，这也意味着在 2025 财政年之后可能会增加支出。这种质疑是非常可信的，因为上述框架的重要组成部分尚未设计，更别提建造了。此外，美国国家航空航天局必须依赖其众多的外国合作伙伴：除了欧洲航天局、日本航天局，还有加拿大航天局（Canadian Space Agency）、意大利航天局（Italian Space Agency）、澳大利亚航天局（Australian Space Agency）、英国航天局（United Kingdom Space Agency）、阿联酋航天局（United Arab Emirates Space Agency）、乌克兰国家航天局（State Space Agency of Ukraine）和巴西航天局（Brazilian Space Agency）。历史经验表明，在如此庞大的全球实体之间协调行动，是具有挑战性的。

随着前参议员比尔·纳尔逊于 2021 年 4 月被任命为美国国家航空航天局新的行政管理者，美国对"阿尔忒弥斯计划"的支持将变得更加可能。1986 年，纳尔逊乘坐"哥伦比亚号"

航天飞机（该航天飞机于 2013 年失事 [①]）绕地球轨道飞行，并一直是人类宇航员探索太阳系的忠实支持者。

进入近地轨道的成本

尽管仍是数百英里的距离，但近地轨道与地球的距离仍然比月球或火星更为接近，这使其成为我们探索太空最为熟知的区域。即便如此，将宇航员或货物送入近地轨道仍然是一项昂贵的任务，这主要是因为离开地球引力势阱的部分逃逸速度也需要达到每秒数英里，这就需要大量的燃料能源和相应的配套设施。

近年来，由于私营企业家的努力，进入近地轨道的单位重量发射成本显著下降。在那个只有政府发射航天器的时代，存在不同的方法来计算和呈现单位重量发射成本。美国国家航空航天局有时倾向于只计算用于发射的直接成本，比如航天器的燃料，而忽略其设计和建造所产生的费用。更准确的计算方法，通常在飞机行业中使用，被称为"单位飞行成本"，其中包括几乎所有费用，如间接制造成本、管理费用、系统和项目管理费用，以及工具和工程的非重复收费等。

为了避免这些计算的复杂性，我们可以将整个项目的总成

---

① 此处疑为作者笔误，该航天飞机于 2003 年在空中解体坠毁。——译者注

本除以其运载的总货物量。或者，对经营性企业而言，记录每磅送入轨道的价格（后者可能反映出经营计划是亏损还是盈利）。航天飞机就是一个典型的例子，每次飞行可以将约 5.2 万磅的货物运送到近地轨道。尽管航天飞机的许多航班运载的货物远远少于这个数目，但如果我们使用这个上限并乘以 135 次（总任务量），我们会发现 700 万磅的潜在货物成本为 1950 亿美元（按照今天的价格计算），即每磅约 2.8 万美元。[7]（我们应该再次强调，因为实际货物总量远远低于理论最大值，实际每磅成本要高得多；此外，由于航天飞机是设计用来搭载人员的，其运营成本也将大大增加。）

后来的美国国家航空航天局任务经常被定价为每磅 1 万美元，这是一个容易记住的数字。然而，在过去的几年里，太空探索技术公司成功地将这个数字大幅降低。在 2020 年，美国国家航空航天局与该公司签订了 24 亿美元的合同，用于进行 6 次前往国际空间站的费用，其中包括宇航员和货物。由于太空探索技术公司的"猎鹰九号"火箭的载货能力为 5 万磅，这意味着每磅的发射成本——更准确地说是每磅的价格——约为 8000 美元。然而，与美国国家航空航天局的合同包括了准备用火箭运送人员而不仅是货物的费用，因此，单纯货物的运输成本几乎肯定会便宜得多。实际上，太空探索技术公司将未来每磅成本估计为 2500 美元或更低。

为了估算维持宇航员在轨道上的成本，单位重量计算方法并不适用，我们可以参考俄罗斯对每个国际空间站的"宇航员座位"收取 9 千万美元（对一个体重 200 磅的宇航员来说，相当于每磅成本为 45 万美元）。这可能涉及一些价格欺骗，但值得注意的是，每次宇航员往返国际空间站的费用都是数千万美元。我们可以采取不同的方法来评估国际空间站里每位宇航员的成本，而不仅仅是往返地球的运输成本。在国际空间站运营开始至今的 20 年里，支持了大约 2 万个宇航员日，通常每次有 3—6 名宇航员在空间站上停留数月。国际空间站的总成本约为 1500 亿美元，相当于每位宇航员每天的成本约为 750 万美元；或者对在空间站停留 3 个月的宇航员来说约为 6.75 亿美元。

全球太空研究和探索的资金来源

从太空时代的开始到现在，政府资金一直主导着太空研究和探索，其中美国在资金上的支持，远远超过其他所有国家支出的总和。只有苏联在其鼎盛时期，其太空探索的支出接近美国的一半，尽管汇率管制和保密原因使直接比较变得非常困难。尽管如此，我们仍然可以通过那些美国主导的太空探索计划获得有用的信息。

中　　国

中国的火箭发展始于钱学森的带领，他是一位开创性的科学家，1939 年获得加州理工学院（Caltech）的博士学位，并于喷气推进实验室前身参与了第一批火箭实验，项目负责人西奥多·冯·卡门（Theodore Von Kármán）称其为"无可争议的天才"。[8]"二战"期间，钱学森参与了开发原子弹的"曼哈顿计划"（Manhattan Project）。之后，他被派往德国协助审问沃纳·冯·布劳恩和其他纳粹火箭工程师。1949 年，他成为加州理工学院的教授；1950 年，他宣布了返回中国的意图后，被美国当局逮捕；1951 年，他被软禁在家中，其间他写了关于伺服传动系统的基础教材《工程控制论》（*Engineering Cybernetics*）。1955 年钱学森获释后，海军副部长丹·金博尔（Dan Kimball）评论说，他的被捕"是（美国）这个国家所做的最愚蠢的事情"。回到中国后，钱学森参与了中国第一颗原子弹和第一颗氢弹的研制工作，还在多个科学领域做出了许多贡献，其中包括系统科学和复杂性科学。他于 1979 年获得加州理工学院杰出校友奖（Caltech's Distinguished Alumni Award），去世时享年 98 岁。

当前中国的太空探索预算估计为每年 110 亿美元，这几乎是美国国家航空航天局年度预算的一半。[9]尽管这个数字只能被视为近似值，但它清楚地表明，中国可以与美国竞争，因为中国的许多成本往往要比美国低很多。

中国在太空探索方面最引人注目的成功包括"嫦娥四号"探测器，它于2019年1月首次成功登陆月球背面。为了实现与地球之间的中继通信，月球着陆器利用了之前在月球轨道上放置的"鹊桥"中继卫星。仅仅不到两年，"嫦娥五号"在月球上着陆，并在月球表面钻入1码深，收集了近4磅的样品，于2020年12月将其带回地球。2021年2月，"天问一号"进入火星轨道，并尝试实现首次火星轨道器、着陆器和探测车三合一。

到21世纪第二个10年末，中国计划将机器人探测器送往金星和木星，并进行第二次火星任务，以期在"天问一号"的成功基础上取得更大成就。而对于人类宇航员的探索，中国计划于2022年在近地轨道上建立一个空间站[①]，与国际空间站媲美，尽管只能支持3名宇航员进行长期停留。由于2025年之后国际空间站的资金仍不确定，欧洲航天局的总干事表达了与中国合作建设其空间站以及进行月球和火星任务的兴趣。到21世纪30年代中期，中国希望在月球上建立一个永久基地，并在地球轨道上放置专门的卫星，用于获取太阳能然后传输到地球。在所有这些活动中，中国希望不仅在实际成就上超过美国，还在全球范围内获得合作和尊重。这一挑战促使美国国家航空航天局的一些支持者寻

---

① 2022年12月31日，中国宣告中国空间站全面建成。——编者注

求与中国达成未来太空活动的协议。帕梅拉·梅尔罗伊（Pamela Melroy），3 次太空船任务的宇航员，其中 1 次担任指挥官，曾担任拜登总统过渡团队成员，她于 2021 年总结说："我认为试图排除（中国）是一种失败的策略……我们的合作非常重要。"

欧洲航天局

欧洲航天局作为现在拥有 22 个成员国的组织，几十年来在太阳系探索方面发挥着关键作用，从其阿丽亚娜（Ariane）系列火箭的工作，到执行土星任务的"卡西尼-惠更斯号"（Cassini-Huygens）探测器关键部件的设计和建造。由于欧洲航天局在资金上通常处在美国国家航空航天局的次要合作伙伴地位，而美国人在谈及太空探索时通常只会想到美国国家航空航天局，尽管像哈勃空间望远镜、斯皮策红外太空望远镜（Spitzer Space Telescope，简称 SST）[1] 和詹姆斯·韦布空间望远镜（James Webb Space Telescope，简称 JWST）[2] 这样的项目上都依赖于欧洲航天局，但他们的贡献往往受到较少关注。欧洲为国际空间站贡献了约 8% 的运营成本，包括"哥伦布号"实验舱（Columbus

---

[1] 是 NASA 大型轨道天文台计划的最后一台空间望远镜，于 2003 年 8 月发射，并于 2020 年 1 月 30 日退役。——编者注

[2] 是哈勃空间望远镜的继任者，已于 2021 年 12 月 25 日发射。——编者注

Laboratory)、"圆顶"天文台（Cupola Observatory）、"宁静号"（Tranquility）与"和谐号"（Harmony）节点舱，以及国际空间站俄罗斯舱段的用于收集数据、提供导航、负责通信和运营能力的计算机。[10] 欧洲航天局的 5 艘自动转运载具（Automated Transfer Vehicles，简称 ATV），为大型多用途供应摆渡飞船，为国际空间站提供物资，并增加了其轨道稳定性。自动转运载具计划已发展成为欧洲服务模块，成为欧洲航天局为美国国家航空航天局的"阿尔忒弥斯计划"提供服务的一部分，延续美国国家航空航天局与欧洲航天局在近地轨道以外的合作。欧洲航天局在探索外太阳系方面的成功，包括在一颗彗星上首次着陆［"罗塞塔号"（Rosetta）在 2014 年登陆丘留莫夫 - 格拉西缅科彗星（Comet Churyumov-Gerasimenko）］，以及 2005 年首次在另一颗行星的卫星上着陆，当时从"卡西尼号"飞船释放的惠更斯探测器，降落在大卫星土卫六的表面。

　　欧洲航天局的多国性质，自然导致了其决策过程与美国的有所不同。而后者可以，而且的确每年都在改变主意，但欧洲航天局一旦做出决定，就会坚持下去。2016 年，欧洲航天局的空间探索战略（Space Exploration Strategy）对太空探索未来的持续讨论做出了总结，称"过去几年中，无论是欧洲和国际政坛，抑或在空间机构和其他利益各方之间，都产生了激烈的辩论。这些辩论表明，人们对太空探索在社会层面、学术层面，以及经济发展层面对我们的潜在益处达成了广泛的共识"[11]。为了响应这一共识，欧洲航天局正在进行一项独立的战略规划过程，以巩固对近地轨道、月球和火星为目标的太空探索战略。国际合作是欧洲航天局的战略关键，因为它既是欧洲航天局实现战略利益的一个促进因素，也为应对未来挑战带来新视角。国际合作并不妨碍竞争，这对于促进创新和太空探索的未来是至关重要的。欧洲航天局已经发展了很多关键能力，并确定了其未来太空探索的重点领域，对选中的研究和开发领域进行投资，以确保在全球太空探索事业中发挥重要的作用。

关于那些"重要的作用"，该声明指出："新型机器人技术的发展，以及人类操作的机器人装置，将为我们带回新的行星位置数据。"欧洲航天局的"罗莎琳德·富兰克林号"（Rosalind Franklin）火星探测器原计划于 2023 年抵达火星 [①]，届时它将向火星表面派遣一架俄罗斯着陆器，并向地下钻入 2 米左右采集样品，之后通过与美国国家航空航天局的合作将这些样品带回地球。[12] 正如欧洲航天局声明总结的那样："在先进的地球实验室中分析带回的样品，将帮助研究我们在宇宙环境中直接演变的物理过程。人类探索火星是这一项目的长期目标。因此，将人类航天所需技术的发展纳入这一全面战略是至关重要的。这将实现双重意义：为实现火星探索目标提供手段，同时成为公众参与这项长期国际合作的焦点。"[13]

这个关于人类探索火星的长期目标的描述过于平淡，以至于

[①] 该计划发射时间已推迟到 2028 年后。——编者注

"嵌入必要技术的发展"似有"事后诸葛亮"之嫌。声明还说:"从所有这些讨论中,未来几十年中的3个共同任务目标正在逐步产生:人类在近地轨道的基础设施,在2020年之后将继续使用,以推动研究并实现人类对远太空的探索;从月球和火星带回样品;分阶段将人类的存在延伸到月球和火星。"值得注意的是,欧洲航天局提到的"人类的探索"和"人类之存在的延伸",与美国国家航空航天局的"从月球到火星概述"中首句显示的有所不同,该句子是这样说的:"'阿尔忒弥斯计划'中的人类登月计划,于2024年把第一位女性和下一位男性送上月球,并在21世纪第二个10年末践行可持续探索。该机构将通过我们在月球上学到的东西,为人类的下一次巨大飞跃——将宇航员送往火星——做好准备。"这种不同可能源于单个国家的航天机构与必须应对22个不同国家诉求的国际合作机构之间的差异。欧洲航天局的声明中还提到,"人类登月任务是降低人类在火星表面进行长期工作风险的关键因素",这个说法是美国国家航空航天局在人类探索太阳系的讨论中很少涉及的。

俄 罗 斯

在2011年美国国家航空航天局的航天飞机计划结束至2020年10月期间,苏联火箭是唯一能够搭载宇航员往返于国际空间站的工具。太空探索技术公司的具备发射宇航员到近地轨道能力的龙飞船问世，此后只有俄罗斯宇航员从哈萨克斯坦的拜科努尔发射场出发。2021 年下旬，俄罗斯航天局（Roscosmos）通过"月球 25 号"探测飞船，实现 45 年来首次月球软着陆。[14] 这个 66 磅重的探测器主要用于对未来登陆月球的测试，它将携带成像仪、温度计和光谱仪等设备登陆月球表面。

与中国合作在月球建立基地的项目（请参考本书第四章），是俄罗斯目前唯一已知的超越近地轨道的宇航员任务计划。2020 年 10 月，俄罗斯航天计划负责人批评美国国家航空航天局计划将宇航员送往月球的做法"过于美国中心主义"，并表示除非有更强有力的国际合作，否则俄罗斯将不会参与。[15]

印　度

印度空间研究组织运营着大量的遥感卫星和两个卫星导航系统。2008 年，印度将"月船 1 号"火箭送入月球轨道，在那里月球撞击探测器（Moon Impact Probe）按计划降落在月球南极的沙克尔顿陨石坑，并发现了月球土壤之下存在水。[16]

2014 年 9 月，"火星飞船"（Mangalyaan）火星轨道探测器任务进入了火星轨道，这是第一次有国家在该任务的首次尝试中取得成功。"月船 2 号"（Chandrayaan-2）任务计划在月球着陆并操控月球车，但未能成功，不过其轨道器仍然可以运行。^① 未来的计划包括新的载人发射器，用于研究日冕物质抛射的太阳探测器，用于研究金星大气层的轨道飞行器、新的火星任务（Mangalyaan 2），以及与日本航天局达成的共同在月球南极寻找水的国际协议。印度的太空研究预算在过去 7 年中翻了一番，达到1400 亿卢比（19.3 亿美元）。

日　本

2021 年 3 月，临近日本政府财政年度的尾声，2021 新财年的航天预算增加了 23.1%，达到 41.4 亿美元。[17]其中大约一半（约20.4 亿美元）将拨给日本航天局，而其中有近 1/4（约 4.72 亿美元）将用于参与美国国家航空航天局的"阿尔忒弥斯计划"。

---

① 2023 年 7 月，印度发射"月船 3 号"。——编者注

第 九 章

太
空
法

人类文明的基础建立在我们能够在全球范围内维持大量个体和群体之间适度的接纳和平衡上。这些个体和群体遍布全球，他们的态度和欲望往往相互冲突，几乎让地球不堪重负。不同文化态度和国家目标的分歧导致了无休止的争议，就如历史所证明的那样，这些争议很快就可能演变成战争或类似的冲突。在更具体地区层面，类似的行为也会导致无休止的争斗。成功的社会通过遵循一套行为准则来避免最负面的结果，这套准则包括传统和成文的法律，同时还需要一系列旨在执行这些准则的行动。

　　在太空中，无论是人类亲历，还是通过机器进入，我们都会遇到一个几乎没有传统、规范或法规的领域，那里几乎完全是一个法律的真空地带。目前尚没有同时被广泛认可的相应准则，来指导不同国家和个人在太空中"是否"以及"如何"执行他们的计划。杰夫·贝索斯、埃隆·马斯克等人的大型项目，以及太空探索技术公司在美国政府那里的火箭制造方面的显著优势，引发了关于非政府行为的个人或团体在太空探索中所承担角色的问题。我们有理由质疑，当下的文明会如何确定哪些角色可以由政府合理分配，哪些角色可能被不同国家、公司、资金雄厚的集团或富有的个人占据。目前，广阔无垠的太空可能会成为一个永无安宁的领域：一个律师们的天堂，只是没有任何法院能够进行法律监督。

太空法的萌芽

几乎所有的法律体系都是有机发展起来的，它是一个社会在政治、文化、环境和其他因素不断变化所带来的长期经验的结果。太空法的最初萌芽应该引起那些可能参与未来几十年和太空有关活动的人们的关注，当然对那些想象查士丁尼法典如何在太空领域出现的人们来说也是意义非凡的。[1]

那些乘宇宙飞船旅行的人，以及在其他天体上生活的人，在某种程度上与海军舰艇上的人处境相似，后者的法律为处理犯罪或极端反社会行为提供了准绳。这些法律通常将裁判权和处罚权交给一个单独的官员或官员团体，这些权力可能需要更高级法庭的审查。这种模式很可能先于那种更大社会中存在的法院体系的通常结构，在太阳系内的首次长途旅行中，以及在其他天体上的首次定居时再次出现。

然而，就像在地球上一样，大部分法律是民法而不是刑法。与处理犯罪行为相比，更大的挑战在于制定一部适用于国家、公司或个人的、关于在太空活动中引发的国内或国际纠纷的民法典。半个世纪以来，一小群利益相关方已经开发了所谓"太空法"的新专业，其中一些已经具备立即应用的潜力。如果某个国家或公司发射的太空碎片掉落在毫无准备的人群或他们的财产上将会怎样？如果来自不同国家的宇航员声称对月球或小行星的某些部分拥有所有权会怎样？无论是否成真，人类都需要面对一个重要的问题：如果我们收到了来自另一个文明的信息，谁将代表地球发声？

关于这类主题的会议所带来的热议远大于实际取得的结果。人类对月球的探索使相关话题得到了更广泛的关注和争论。20世纪80年代，联合国似乎是讨论这些问题的当然之所，这些讨论最终产生了本章所描述的结果。如今，几乎没有人了解联合国制定的文件，更不用说那些计划支持遵守这些文件精神的国家了。我们希望找到一种合理的手段来界定和限制地球以外的活动，这将需要更广泛的协议以及实施这些协议的手段。

非法律从业人士在阅读现有的和拟议的有关太空利用的协议时发现，律师通常将一些特殊情况相关的辞藻称为"专业术语"，并赋予它们与普通解读所暗示意思不同的含义。例如，在正常交流中，"回收／恢复"（Recovery）一词指的是重新获得失去的某物的价值，如因受伤而损失的工资。在更具体的用法中，"资源回收"（Resource Recovery）指的是重复利用本来被当作垃圾的材料的行为。然而，在采矿业的词汇中，"回收／恢复"与失去曾经拥有的东西无关；相反，它指的是从地面或海底提取矿石。这个词本身所具有的温和性与更准确的术语"开采／剥削"（Exploitation）形成对比，后者通常暗含贬义色彩，尽管在法律事务中它通常只有中性含义。例如，1982年《联合国海洋法公约》（United Nations Convention on the Law of the Sea）设立了一个国际海底管理局（International Seabed Authority，简称 ISA），为超出任何国家管辖范围的大部分海底制定规则。[2] 到目前为止，已有168个国家签署了该公约，但美国没有。根据国际海底管理局网站显示，其采矿法规"指的是国际海底管理局发布的一整套规则、条例和程序，以规范国际海底区域的勘探、探测和开采海洋矿产活动"。在采矿界，人们对开采特定地点矿产资源的计划不会有任何异议；太空法的讨论中则往往回避使用"开采／剥削"这个词，而倾向于使用"回收／恢复"。

作为太空条约潜在模版的《南极条约》

1959 年制定的《南极条约》（The Antarctic Treaty）是最成功的国际条约之一，旨在处理那些没有被宣布主权的地区问题，它有可能成为太空协议的基础。80 年前，当第二次世界大战接近尾声时，人口和矿产资源丰富的非洲和亚洲大片土地"曾属于"欧洲的那些殖民帝国。这些殖民国家和其他国家继续着他们的殖民传统，还宣称对南极洲的部分领土拥有直接所有权。十几个国家宣布了对以南极点为顶端的三角形陆路区域的领土所有权。许多对这片领土的所有权主张交织重叠，为冲突提供了绝好的基础，导致了一些实际的军事对抗并伴以鸣枪示警，这些均表明未来可能出现严重问题。20 世纪 50 年代早期，由美国主导的试图通过联合国对南极洲进行有效管理的努力几乎没有任何进展，苏联对此尤其不以为然。1957—1958 年，国际地球观测年（International Geophysical Year）期间进行的和平科学调查促使人们寻求另一种和平解决问题的途径。一个绝佳的解决方案最终还是出现了：在不丢失国家尊严的情况——不谈及他们对这些地区主权问题的前提下，参与南极活动的国家同意暂停强调自己的主张，并放弃任何进一步对领土宣称所有权的活动。在阿根廷、智利和苏联的强烈反对下，美国放弃了在南极冰层上进行核爆炸的诉求。1959 年 12 月，由开始的十几个国家与后来陆续加入的数十个国家，一同就其他争议领域，最终在美国首都华盛顿特区签署了《南极条约》。[3]

该条约禁止军事活动；保障和平科学调查；禁止核爆炸和放射性废物的处理；呼吁观察员自由通行、对有计划的活动进行通报，以及对各种设施的检查自由；促进各类有积极意义的活动，包括定期举行会议，并就进一步措施进行磋商。自《南极条约》生效已经过去了 60 多年，这期间没有发生过重大事件，证明了这些宣言的广泛采纳以及它在规范行为方面的成功。

在考虑如何最好地将《南极条约》的原则应用于太空活动时，外交家和研究该情况的其他人士意识到，无论是公司之间还是国家之间，达成任何协议最困难的方面是：如何执行。《南极条约》要求，在发生争端时，缔约国"应彼此进行协商，以便通过谈判、调查、调停、调解、仲裁、司法解决或它们自己选择的其他和平方法来解决其争端"。如果矛盾仍然存在，任何争端"在有关争端所有各方都同意时，应提交国际法院解决，但若未能达成协议，也不应解除争端各方根据本条第一款所述的各种和平手段的任何一种继续设法解决该争端的责任"。

以上这些的建设性意义在于，尽管各方存在分歧，但欢迎以合理的方式解决分歧。可以理解，涉及各方合作意愿不强时的具体情况则更具挑战性，而该条约除了上述规定之外并没有执法机制。这并不意味着南极洲没有执法途径。1995 年，作为南极洲开发的主要参与者，美国授权实施了《南极保护法》（Antarctic Conservation Act），对可能破坏原生环境的一系列活动进行民事和刑事处罚，包括引入非本地的动植物、捕杀本土哺乳动物或鸟类，以及向海洋倾倒污染物。前往南极洲的美国夏季人员包括刑警副局长，可以进行例如打击凶杀案的境外执法。目前那里尚未有任何关于谋杀案的报道，盗窃和抢劫的情况也几乎闻所未闻，可能部分原因是盗窃物品的隐藏和转移在当地存在困难。不过值得注意的是，这种应用美国国内法律而不是国际法来解决问题的情况，实际上是全球合作方面的一种倒退。

联合国《外层空间条约》

联合国试图创造一项国际协议来管理或至少限制各国在太空的活动，而《南极条约》很自然地成为这方面尝试的模板。1959 年，联合国成立了和平利用外层空间委员会（Committee on the Peaceful Uses of Outer Space，简称 COPUOS），通过国际合作、鼓励太空研究以及研究太空法律问题来治理（在那个年代，这并不是一个引起嘲笑的词）人类的太空探索和利用。[4]联合国和平利用外层空间委员会每年在维也纳举行会议，是联合国在太空探索方面的重要成果之一。1967 年的《外层空间条约》（这是大家熟悉的简称）在"阿波罗号"登月任务期间（1969—1972 年）生效。

《外层空间条约》全称为《关于各国探索和利用包括月球和其他天体在内外层空间活动的原则条约》（The Treaty on Principles Governing the Activities of States in the Exploration and Use of Outer Space，Including the Moon and Other Celestial Bodies），它被视为太空法的基础文件。[5]自 1967 年以来，已有除伊朗之外超

过 100 个可能参与太空探索和开发的国家批准了这项条约。该协议的关键条款禁止在月球、轨道或其他任何外层空间地点布置核武器或其他大规模杀伤性武器，并要求所有天体仅用于和平目的。该条约宣布，包括所有天体在内的外层空间，不能被任何通过使用、占领或其他任何借口宣布"国家占有"（National Appropriation），并要求条约各方在其与外层空间的探索和利用活动中遵守国际法。需要注意的是，该条约并没有定义"国家占有"这一术语，这可能为将来的争议埋下了隐患。《外层空间条约》可以理解为反映了人们对 1957 年人造卫星"斯普特尼克号"发射后的开始几十年里占主导地位的太空活动的态度。该条约在各国之间达成了一项共识并制约了它们的活动，同时体现了各国法律的原则，包括它们对国际法的遵守。

非政府行为者在该条约中几乎是被忽略掉的，他们最被关注的地方出现在第 6 条当中，即缔约国"对其（不论是政府部门还是非政府的团体组织）在外层空间（包括月球和其他天体）所从事的活动，要承担国际责任，并应负责保证本国活动的实施，符合本条约的规定"。这些条款基本上禁止国家对天体的主权主张。私营公司和个人有可能会尽力占有他们所能占有的东西，而只受到自己国家对其施加的限制。例如，该条约对"国家占有"绝对禁止，如果一家公司移动或开采小行星，而其所属国家没有采取任何行动进行约束，他们的行为即被认为没有法律效力，同时禁止任何国家主张所有权。 国际法中一个持久原则可以追溯到 1927 年的"荷花号"（Lotus）海事碰撞案，该案中国际法院裁定，对一个国家的任何限制均要得到国际认可，必须阐述明确，所以"未被明确禁止的即是被允许的"。聪明的太空法律师可以有理由认为，《外层空间条约》允许每个国家在自己的范围内有选择地对本国公民的行为进行约束。另外，这种做法可能为太空带来地球上数百个独立法典的模板，这将使对太空和特定天体活动的理性监管变得十分困难。

《月球条约》

尽管《外层空间条约》的影响有限且缺乏执行力，但大多数人仍然认为它是成功的。有志参与太空活动的国家，为表示其认真的态度签署了该条约，并且到目前为止没有任何一个国家违反规定。我们可以将这一广泛积极的结果，归功于《外层空间条约》同样宽泛的原则和语言。国家之间的外交礼仪很快就会面临月球探索中的具体问题，以及对更遥远天体的众多探索任务的前景。经过长时间的磋商，联合国成员国于 1979 年成功缔结了《关于各国在月球和其他天体上活动的协定》（Agreement Governing the Activities of States on the Moon and Other Celestial Bodies，简称《月球条约》，即 The Moon Treaty）。[6] 与《南极条约》和《外层空间条约》不同，目前有能力登上月球的国家均没有同意该条约，这意味着从原则到法规这一过程的困难性。对《月球条约》的诉求远大于对太阳系其他部分的条约诉求，如果不是因为这一困难，《月球条约》本该被接受，而《外层空间条约》反而会被推迟。

《月球条约》的正式名称包括了对"国家"这个概念的具体强调，同时对月球和其他天体的"利用"和"探索"进行了多次引用。它要求每个国家遵守国际法和《联合国宪章》（Charter of the United Nations）；仅为和平目的利用月球；在团结、合作的原则指导下，与其他国家协调行动。该条约中较为刺激性的规则，在很大程度上解释了它的失败，它规定"月球的探索和利用应是全体人类的事情并应为一切国家谋福利"，以及"缔约各国在探索和利用月球时，应采取措施，防止月球环境的现有平衡遭到破坏，不论这种破坏是由于在月球环境中导致不利变化，还是由于引入环境外物质使其环境受到有害污染，或者因其他方式而产生"。 由于对月球活动的限制，那些对太空有能力和有雄心的国家都没有接受《月球条约》。目前，只有7个国家批准，另有十几个国家"加入"了该条约——这两类国家都不包括可能参与月球探索的国家。

在《月球条约》的正式标题中还涉及"其他天体"。它涵盖了火星、小行星、巨行星及其卫星，以及海王星外绕轨道运行的彗星和柯伊伯带（Kuiper Belt）天体；只有地球和因自然原因撞击地球的物体不属于这个范畴。该条约将《联合国宪章》作为适用于其他星球活动的国际法，并本着促进造福人类活动的原则，允许各国采集月球样品，建立载人或无人月球基地，在月球表面及月球地下自由活动。此外，与《南极条约》同理，"月球不得由国家依据主权要求……据为己有"；在月球上的活动不意味着所有权；同意该条约的国家"承诺一俟月球自然资源的开发即将可行时，建立指导此种开发的国际制度，其中包括适当程序在内"。

　　总的来说，《月球条约》旨在建立一个月球的国际机制，监督任何国家在探索和开发月球方面的尝试；它试图在太空中创造一个在地球上尚无法实现的世界。对进行月球探测的国家来说，更难以接受的是，该条约规定，缔约各国"对于本国在月球上的各种活动应负国际责任，不论这类活动由政府机构还是非政府团体所进行"，并确保国家活动符合该条约的规定。此外，该条约还规定，每个国家都应确保其他国家的活动"符合"该条约的规定，并有权检查其他国家的相关设施。如果一个国家怀疑另一个国家违反了该条约，它有权迅速进行磋商以寻求解决方法。如果磋商未能达成可接受的解决方案，该条约呼吁采取其他和平手段解决争端。如果仍然未果，受害国可以直接向联合国秘书长提出申诉。

　　将《外层空间条约》和《月球条约》进行比较可以明显看出崇高的原则与对自然资源进行商业开发之间的冲突。拥有半个世纪太空法理论经验的律师阿特·杜拉（Art Dula）写道："现行太空法……几乎完全由超前于实用商业现实的高等学术理想所构建……自由企业机构在受到有关条约条款的诉讼威胁时，很难在太空中进行重大投资，因为这可能导致其投资为一个模糊的未来国际体制所侵占。"[7]

杜拉的分析立即得到了全球对《月球条约》持反对态度的各国政府的认同。按规定，必须至少有 5 个国家签署同意该条约其方能生效，而这 5 个国家几乎是立即签署。在接下来的 40 年里，包括澳大利亚、土耳其和沙特阿拉伯在内的其他十几个国家也加入了该条约。那些可能进行月球及更远太空探索的国家，仍然一致反对该条约，他们对约束其太空活动的国际法规则感到厌恶。在美国，对该条约持赞成态度的吉米·卡特（Jimmy Carter）的总统职位于 1981 年被持反对态度的罗纳德·里根（Ronald Reagan）取代。接下来的几十年中，月球探索只有一些步调不大的进步，人们越来越感受到太空探索的非国家行为的可能性。

美国《太空法案》

过去十几年里，美国的立法和决策展现了《外层空间条约》在实际太空活动管理方面的弱点。2015 年，随着对企业和个人在太空活动的日益接受，美国颁布了《关于促进私营航天竞争力、推进创业的法案》[Spurring Private Aerospace Competitiveness and Entrepreneurship（SPACE）Act，简称《太空法案》，即 The Outer Space Treaty]。[8]该法案没有提及联合国或《外层空间条约》，并否认美国对任何宇宙天体宣布主权，但明确允许美国公民和企业参与商业勘探和开发"太空资源"，不包括可能存在于太空中的任何生命形式。该法案最后一小节强调了私营企业的作用，规定"参与小行星资源或太空资源商业回收的美国公民，享有其回收资源的所有权，依据适用法律及美国国际义务，有权对其进行获取、拥有、运输、利用和销售"。

2017 年至 2018 年期间，特朗普政府又依循该法案发布了 3 项太空政策指令，重点关注将人类送入太空的商业参与所带来的问题。[9]其中第一项指令取代了先前关于国家太空探索目标的表述，指示美国政府要"与商业及国际上的伙伴共同领导创新和可持续的探索计划，以实现人类在太阳系中的扩展，并将新的知识和机会带回地球。从低地球轨道以外的任务开始，美国将领导人类重返月球，并对其进行长期探索和利用，之后进行人类火星任务及对其他目的地的探索任务"。

2020 年 4 月，美国政府颁布了题为《鼓励国际社会支持太空资源的回收和利用》（Encouraging International Support for the Recovery and Use of Space Resources）的 13914 号行政命令，其中指出：

美国公民应有权依据适用的法律从事太空资源的商业勘探、回收和利用。太空在法律和物理上是人类活动的独特领域，美国并不将其视为全球公域。因此，美国法律应该鼓励国际社会支持公众和个人，在符合适用法律的前提下回收和利用太空资源。美国不是《月球条约》的缔约国，也不认为《月球条约》是指导各国和地区对月球、火星及其他天体在商业合作、长期探索、科学开发和资源利用等方面有效和必要的工具。因此，美国国务卿反对任何其他国家或国际组织将《月球条约》视为对习惯国际法的反映或表达。[10]

2015 年的《太空法案》和 13914 号行政命令共同表明，美国不欢迎对其政府或公民在太空活动上的限制。相反，该行政命令提到了一项政策，即"鼓励国际社会支持公众和个人，在符合适用法律的前提下回收和利用太空资源"，接着拒绝将太空视为"全球公域"的概念，并且在宣布美国公民的权利时未涉及其他国家。简而言之，该行政命令否决了利用太空资源的国际化方法，而为私人和企业开辟了一条从太空天体那里获取资源的道路。附录指出："关于回收和利用太空资源的支持性政策，对于为太空商业领域创新者和企业家们创造稳定和可预测的投资环境至关重要，对于人类长期探索和开发月球、火星以及其他目的地具有重要意义。"有人可能会认为，为了维持对太空资源商业开发的"稳定和可预测的投资环境",最好的方法是同那些可能参与竞争这些资源的国家的公民达成某种共识。

2020年10月,在发布行政命令几个月后,包括美国在内的8个国家签署了《阿尔忒弥斯协定》,旨在管理对月球的探索和利用。[11]值得注意的是,这8个国家不包括中国和俄罗斯,俄罗斯拒绝参与的理由是认为该协议"过于美国中心主义",而该协议排除中国的理由,则是美国有一条法律禁止同中国有直接太空合作。该协议规定各国有权拥有和利用从月球获得的资源。时任美国国家航空航天局局长的詹姆斯·布里登斯廷(James Bridenstine)将这些资源比喻为"海洋中的鱼",一旦被"捕捞"就变成了财产。[12]当然两者的区别是显而易见的,如果管理得当,捕捞并不会明显减少海洋中鱼类的数量,而如果占用一颗小行星,则意味着其他人获得的数量将会相应减少。

作为对《阿尔忒弥斯协定》的回应,英属哥伦比亚大学的天文学家亚伦·博利(Aaron Boley)和政治学家迈克尔·拜尔斯(Michael Byers)在《科学》上发表了一篇文章,批评了美国国家航空航天局的双边合作方式,并提出应该在联合国和平利用外层空间委员会框架内确定太空资源的利用方式。[13]他们指出,接受《阿尔忒弥斯协定》将使美国成为月球和其他天体的实际守卫者。此外,由于国际法通常将默许视为同意,因此美国的活动——如采矿、提炼和清除月球表面风化层可能会成为常态。他们还说,多边协议需要妥协和时间才能取得成果,而美国采取的却是"囚徒困境"的方法，即一个强大的参与者拒绝了其他参与者进行交流的机会，或者在这种情况下通过施加时间压力，使交流变得更加困难。博利和拜尔斯写道："必须看到美国国家航空航天局行为的本质，即有计划、有策略地重新引导国际太空合作，这有利于美国的短期商业利益，但几乎没有考虑其中的风险。"

迄今为止，美国拜登政府对修改《太空法案》和相关行政命令中的政策所表现出的态度并不积极。假如美国领导人能够受到人性中善念的感召，他们也许更愿意研究和发展国际合作，以探索和开发月球及其他天体。我们呼吁世界各国都能秉持这种态度，只有强大的国际合作，才有可能提供一种平衡的力量，将所有人类太空活动纳入合理有效的管理之下。

现实情况是，所有法律或道德准则所施加的限制都会受到一些人的反感。很明显，太空法律将得到有机发展，而不是在所有具备航天能力的国家和个人都尊重和恪守的长期协议中发展。就目前情况看，无论太空探索是否由人类亲自前往，也不管那些资源存在于何方，冲突就在不远处。即使是本书第二章中描述过的可以"停放"航天器的地月轨道中的 L4 和 L5 两个区域（这里可以相对不受来自行星施加的干扰），也代表着一种资源，因为尽管这两个区域有数千立方英里的空间，但随着停靠物越来越多，最终必将导致碰撞。

除了善意和实用主义，我们还未找到有效的机制来解决这个问题，这将限制我们前进的步伐。与太空中的事故相比，尽管人类在太空中的冲突可能永远不会达到相同的危险程度，但我们不能因此而忽视它们。与地球上的冲突一样，我们可以希望战争的负面影响激励我们创立像联合国这样的国际机构，这类机构可以调和人性并引导其朝着积极的方向发展。然而，任何对这一机制迄今为止的成效评估都显示，我们距离理想目标仍然相当遥远。

正如 T·S·艾略特（T. S. Eliot）所言，人类不会停止探索，尽管他也认为"而那探索的尽头，将抵达出发之地，并初次认识这里"，这在太空探索界是个奇怪的概念。[14] 如果我们做出明智的选择，审视我们的出发点，让机器人而非执念于人类亲自飞往星际，我们将拥有一个更加美好的明天。

对 2040 年至遥远未来的太空探索展望

在天文学家的脑海中，时刻有一把在宇宙中向曾经和向未来两个方向延伸的时间标尺。我们的太阳系大约有 45 亿年历史。地球上的生命也几乎用了那么长的时间进化，从仍然是谜一样的起源，到我们人类所处的复杂生物圈。人类出现得非常晚，仅仅占据了宇宙时间线上极其短暂的一瞬。"现代"类人生物仅在距今几十万年前才出现。而那些通过技术建造第一批城市并开创农业的族群也仅出现在大约 1 万年前。在过去的一到两个世纪里，人类社会发生了前所未有的变化，通过技术革命创造了一个快速进步且相互关联的人类群体。在整个地球历史中，太空技术的出现至今还不足 100 年。

然而在我们面前，未来的路仍然非常漫长。人类代表的阶段可能远未达地球复杂性发展进程的中途。太阳也还处于壮年，而宇宙又将比太阳系和比邻星系存在得更加久远。

在本书第七章，我们大胆地推测了相对遥远的未来，也许有些类似于科幻文学的想象。但是太空栖息地的发展和扩张、开拓性的星际航行，以及使前两项成为可能的技术方面的奇迹，只会带我们前往几千年后的未来，而非几百万年后，更不可能是几十亿年后。我们无法准确预测，在进入人类大脑和想象尚且无法触及的遥远的"后人类时代"所需的漫长时间内会发生什么。但就目前情况看，我们应该时刻警惕全球性灾难，在未来几十年内，我们的未来可能会被改变，我们也应该清醒地认识到，在无限广阔的宇宙里，作为"宇宙航行者"的人类是多么的幼稚。

让我们暂时搁置那些宏大的充满诱惑的愿景，重新聚焦于本书的主题：人类宇航员在可见的未来中所起的作用。在这方面，经验和逻辑都给出了严肃的警告。历史告诉我们，可靠地预测未来几十年内的技术突破、地缘政治动荡的情况或者社会态度的变化都是很困难的。发明、趋势和变革方向很难预测，而发生变化的速度则更不可想象。

因此，尽管本书的作者均是天文学家，已经习惯于对广袤无际的空间和时间进行思考，但对于预测未来我们仍持谨慎态度。然而，可以确信的是，在接下来的几十年里，机器人和人工智能的能力将极大增强，逐渐弥合与人类能力之间的差距，并在越来越多的领域超越人类。而这些发展无疑将减少太空开发对人类宇航员的依赖——人类即使选择同行，也仅是为了探索、历险或移民。

对于航天事业从现在到 21 世纪 40 年代的发展趋势，我们仍然充满信心。这种信心很大程度上源于以下事实：大型太空任务从概念到设计再到建造，直至抵达目的地以及在目的地完成既定任务，通常需要耗费 20 年或更长时间。因此，让我们对 21 世纪 40 年代进行展望，看看那时我们对太阳系的探索会是什么样子。

对于未来，我们大胆地提出了三方面预测。如果这些预测都被证实，我们的成功率将远远高于平均水平。然而，这些都是比较保守的预测，也是我们文明进程中非常短期的预测。

第一，我们有理由相信，在公众的关注和资金的支持下，火星在太空探索方面的主导地位还会提升。中国很有可能将宇航员送上月球并在那里建立基地，这比美国及其合作伙伴的类似尝试更有可能成为事实，因为中国有着超越其他国家的雄心壮志。尽管如此，宇航员已经登上月球的事实，将减弱重返那里所带来的心理震撼，甚至建造月球栖息地也可能仅被当作宇航员前往火星所必经的技术过程。月球宇航员面临的一些实际问题（如关于月球永昼峰的所有权问题）可能会改变这种态度。这些普通的竞争可能会引起公众的兴趣，但绝不会减少人们对主要目标——火星的热衷。

第二，无论宇航员于 2040 年前是否能够到达火星，在这颗红色星球上寻找生命的工作都将会逐步扩大，从而在公众和外星生物学界引起更多关注。如果我们的机器人探测器发现了化石生命的有力证据，这些关注将会显著增强，至少是在短时间内。而如果找到了活着的火星微生物，这些关注则会飙升。这两个发现几乎可以肯定会在地球上，即通过从火星带回的样品来实现，因为化石或现存生命的证据很可能存在于微观甚至亚微观的细节中。然而，找到火星生命的关键步骤——选择正确的样品将在火星上进行。因此，我们会坚持之前的预测，也就是从即刻起的未来 10 年或更长时间里，持续地依靠能力越来越强大的探测车去选择和获取那些最有希望的火星样品，然后运上航天器带回地球，而不是依靠生存需求远远超出机器人的人类宇航员。

以公众和资金机构认识到并接受这种未来前景为前提，他们将会直观地意识到，希望看到宇航员登陆火星的渴望，实质上映射出的是我们在另一个星球建立人类社会的渴望。这很可能在未来的某个时刻实现，无论这些社会代表的是地球文明的附属物，还是史蒂芬·霍金和埃隆·马斯克所提倡的"必要逃生舱"。然而，这种大规模移民不会在 2040 年之前发生，除非曾经引发"登月竞赛"的激情完全无视国际社会保护火星原始状态的理性需求（目前看是可能的），尊重这一需求能够尽可能地保护我们发现火星生命的能力，并确保火星不会受到来自地球生命的污染。

除了上文中的理性需求，埃隆·马斯克和杰夫·贝索斯渴望将人类送上火星的真正内在动因又是什么呢？在这里，可能存在一种悲观的妥协。如果这些人成功地将宇航员送上月球并尝试建立月球栖息地，这将在一定程度上满足他们的愿望，同时向世人展示现实的困难远远超过计划阶段的努力。

第三，无论我们在火星上是否发现生命，外太阳系都将受到更多关注并迎来有针对性的活动。这个结论源于对火星上生命的探索。如果我们在那里真的发现了生命，那么在太阳系的其他天体上寻找生命的愿望自然会增强；如果在那里没有发现生命，人类的天性很可能要求增加对其他地方的尝试。

我们会去哪里寻找呢？来自航天器最新的发现表明，火星之外的4个关键天体都值得我们的关注。出于天文历史的原因，它们的名字均来自古代神话：谷神星、木卫二（欧罗巴）、土卫二（恩克拉多斯）和土卫六（泰坦）。谷神星是太阳系小行星中最大的，直径为588英里；木卫二是木星的4个主要卫星中最小的一个，直径为1940英里；土卫二是环绕土星的奇怪小世界，直径只有313英里；土卫六是土星的较大卫星，直径为3200英里，仅居太阳系最大卫星木卫三（Ganymede，即盖尼米得）之后。

这4个卫星都有一个共同特点：液体。如果生命需要一种液态介质，使分子可以游动、相互作用并最终产生生命系统，那么我们就应该在富含液体的地方寻找生命的迹象。而火星上没有流动的水，使得这项工作看起来毫无希望，直到天文学家发现了火星地表上瞬态水的证据，而且认为其地下可能存在水。天体生物学家传统上是"跟着水走"，但其他液体也可能足够了，就像太阳系所证明的那样。"黎明号"（Dawn）小行星探测器在2015年及之后绕谷神星轨道飞行，在那里发现了这颗最大的小行星拥有丰富的地下水。前往木星和土星系统的自动航天器也在木卫二和土卫二上发现了类似的情况，但这些天体将它们的水隐藏在全星球的固态冰面之下。土卫六上也有液体，但它并不隐藏在冰冻表面下，而是存在于地表上的大型池塘和湖泊中——不是液态水，而是液态乙烷，一种近似于地球上抗凝剂的碳氢化合物。

就像机器人在这4个星球上的发现一样，机器人也将继续在那里寻找生命。谷神星离我们有地球到火星距离的2倍多；而木卫二离我们几乎是地球到谷神星距离的2倍；土卫二和土卫六各自离我们的距离又几乎相当于2倍的地球到木卫二的距离。试想一下，宇航员在极寒的木卫二或土卫二登陆后并开始钻探，但目前尚不知究竟要钻入多深才能到达冰层下的海洋并取样，所以，更加理性的方式是将那里的探索任务交给数量更多能力更强的机器人去完成。宇航员前往这些星球需要的可不是几个月，而是长达数年的时间。他们可能会在未来的某个时候在这些地方留下足迹，但不会在2040年之前。然而，机器人可以在人类不敢涉足的地方勇往直前。

这些机器人探测器正在由美国国家航空航天局、欧洲航天局、俄罗斯和中国等国家开发；多个合作项目参与其中，其他国家也可能加入这一探索。本书第二章讨论的美国国家科学院研究的联合主席米奇·丹尼尔斯在 2021 年对于未来探索的政治问题提出了一个有趣的观点。他强调，我们应该很清楚，将宇航员送上火星是多么困难的事：

> 虽然"毅力号"取得的成就令人瞩目，但那主要是因为它是抗辐射的机器人，而不是脆弱的人类；而且这个飞行器仅为 7 英尺高，1 吨重，而不是人类着陆、维持生命、起飞所需的 40 吨重、2 层楼高的航天系统。对人类来说，安全飞往火星，建立持久的存在，幸存下来并返回地球将会非常困难。为实现这一目标，我们的委员会得出的结论是，要将这个目标作为美国太空计划唯一的核心事项，不懈地坚持几十年，按照既定的道路前往这一目标，并随着通货膨胀率的变化调整投资规模。而美国的民主体制在这些方面的表现并不尽如人意……因此，如果我们的体制不适合这个任务，那么什么样的国家最有可能到达这个新的星球呢？理论上来说，这是一个有耐心与远见，历来都有着远大视野，能够调动必要的大量资源的国家。[1]

接着丹尼尔斯回避了哪个国家更合适派遣人类进入太空的问题，并表达了他作为一名美国人的愿望，那就是在接下来的半个世纪里，他不希望眼睁睁地看着他国宇航员或机器人"勇踏前人未至之境"①。

许多人会认同我们的观点，即冷战时期"太空竞赛"的思维，非常不适合分析当下人类前往太空的愿望。即使到了 21 世纪 40 年代，或者 21 世纪下半叶，我们也必须对国际关系和地缘政治保持中立态度。不过，对于美国国家科学院报告中的这一陈述，我们还是产生了共鸣：

> 本委员会……承认经过半个世纪的考虑，科学技术、生物工程、人工智能和其他领域的进步，可能比本报告中提出的，人类航天飞行规划所设想的进步更加迅速和难以预测。在这些领域取得的突破，可能有助于解决探索（近地球轨道）以外更遥远地方所遇到的重大障碍。具体地说，人类与机器人之间的界限可能比简单的线性推断更加模糊。在这种情况下，对太空中"最后边疆"的探索很可能会比本报告所设想得更快展开且影响更广泛。实际上，"人类探索"这一说法是否准确已经很难说了。[2]

让我们希望以合作的方式探索我们的宇宙邻居，并以此为

---

① 原文为 "boldly go where no man has gone before"，此句为美国经典太空题材科幻作品《星际迷航》（*Star Trek*）中的著名台词。——编者注

未来几个世纪设定基调。我们必须时刻牢记未来的漫长，那时我们的后代，无论是人类还是后人类，肯定会见证更加令人叹为观止的冒险。引用科幻小说家赫伯特·乔治·威尔斯的话作为结尾："过去是开始的开始，所有经历过的都只不过是黎明前的微光。"[3]

太空探索大事年表

1. 1944 年 6 月 20 日，德国 V–2 火箭首次进入太空，被定义为达到 100 公里（62 英里）以上的高度。

2. 1945—1952 年，V–2 火箭在英国、苏联和美国［新墨西哥州白沙试验场（White Sands Proving Ground）］进行试飞。

3. 1952—1958 年，由德国火箭科学家领导，美国研发和部署了首批大型弹道导弹"红石"（Redstone）火箭，并在白沙试验场进行发射。

4. 1957 年 10 月 4 日，苏联发射了重 184 磅的卫星"斯普特尼克号"，这是人类首颗人造地球卫星。

5. 1958 年 2 月 1 日，美国发射了重 31 磅的卫星"探险者 1 号"，这是美国第一颗人造地球卫星。

6. 1961 年 2 月 12 日，苏联的"金星 1 号"（Venera 1）探测器成

为首个探测到另一个行星的探测器，尽管在接近金星时失去了遥测。

7. 1961 年 4 月 12 日，苏联宇航员尤里·加加林成为首个绕地球飞行的人类。

8. 1962 年 2 月 20 日，约翰·格伦成为首个绕地球飞行的美国人。

9. 1962 年 12 月 14 日，美国国家航空航天局的"水手 1 号"（Mariner 1）成为首个靠近另一颗行星的航天器。

10. 1963 年 6 月 14 日，苏联宇航员瓦莲京娜·捷列什科娃成为首位环绕地球飞行的女性宇航员。

11. 1964 年 11 月 28 日，美国的"水手 4 号"（Mariner 4）首次飞越火星。

12. 1966 年 3 月 1 日，苏联的"金星 3 号"（Venera 3）成为首个在另一颗行星上坠毁的航天器。

13. 1966 年 4 月 3 日，苏联的"月球 10 号"（Luna 10）成为第一个绕月球飞行的宇宙飞船。

14. 1966 年 6 月 2 日，美国的"探测者 1 号"首次实现月球软着陆。

15. 1967 年 10 月 18 日，苏联的"金星 4 号"（Venera 4）首次从金星大气层内进行观测。

16. 1968 年 10 月 7 日，美国国家航空航天局的 OSO-2 成为第一个从太空进行望远镜观测的航天器；该航天器在轨道上运行了 3 年多时间。

17. 1968 年 12 月 21 日，"阿波罗 8 号"成为第一个离开近地轨道并绕月球运行的载人航天器。

18. 1969 年 7 月 20 日，"阿波罗 11 号"着陆器首次将 2 名宇航员带到月球上。

19. 1970 年 12 月 15 日，苏联的"金星 7 号"（Venera 7）成为第一个在另一颗行星上软着陆的航天器。

20. 1971 年 4 月 19 日，苏联的"礼炮号"发射，成为第一个绕地球运行的空间站。

21. 1971 年 5 月 28 日，苏联的"火星 3 号"宇宙飞船首次完成火星上软着陆，并传回了 15 秒的数据。

22. 1971 年 5 月 30 日，美国的"水手 9 号"（Mariner 9）成为第一个绕火星运行的轨道器。

23. 1972 年 8 月 21 日，美国国家航空航天局的 OSO-3 卫星（后改名为"哥白尼号"），成功观测到紫外线和 X 射线源长达 8 年时间之久。

24. 1972 年 12 月 14 日，"阿波罗 17 号"的宇航员结束了对月球的第九次载人登陆；在他们离开后的 50 年里月球未曾再次被人类登陆。

25. 1973 年 12 月 3 日，美国国家航空航天局的"先驱者 10 号"（Pioneer 10）航天探测器首次飞越木星，并成为第一个离开太阳系的人造物体。

26. 1975 年 10 月 22 日，苏联的"金星 9 号"（Venera 9）成为第一个绕金星轨道运行的探测器。

27. 1976 年 7 月 20 日和 9 月 3 日，"海盗 1 号"和"海盗 2 号"在火星着陆，并首次对火星土壤是否有生命痕迹进行测试。

28. 1978 年 10 月 9 日，美国国家航空航天局的"先驱者 – 金星号"

多功能探测器（Pioneer Venus Multiprobe）进入金星大气层；其中一台探测器在金星表面工作了 45 分钟。

29. 1979 年 3 月 5 日和 7 月 9 日，美国国家航空航天局的"旅行者 1 号"（Voyager 1）和"旅行者 2 号"（Voyager 2）飞越木星。

30. 1979 年 9 月 1 日，美国国家航空航天局的"先驱者 11 号"（Pioneer 11）首次飞越土星。

31. 1980 年 11 月 12 日和 1981 年 8 月 25 日，美国国家航空航天局的"旅行者 1 号"和"旅行者 2 号"飞越土星。

32. 1984 年 1 月 24 日，美国国家航空航天局的"旅行者 2 号"飞越天王星。

33. 1989 年 8 月 25 日，美国国家航空航天局的"旅行者 2 号"飞越海王星。

34. 1990 年 4 月 24 日，美国国家航空航天局发射哈勃空间望远镜。不久后，人们发现了镜片的形状缺陷。在 1994 年、1997 年、1999 年、2002 年和 2009 年由宇航员通过 5 次任务，为其添加了矫正镜片、更好的探测器和改进的相机。

35. 1996 年 12 月 4 日，美国国家航空航天局的火星探测车"索杰纳号"成为首个在另一个行星上行驶的探测车。

36. 1998 年 11 月 20 日，国际空间站首个组件发射升空。

37. 2000 年 11 月 2 日，首批宇航员抵达国际空间站，自那以后一直有人居住在那里。

38. 2001 年 2 月 12 日，美国国家航空航天局的"舒梅克号"（Shoemaker）探测器首次着陆小行星。

39. 2004 年 1 月 2 日，美国国家航空航天局的"星尘号"（Stardust）宇宙飞船首次在彗星附近收集颗粒，并于 2006 年 1 月 15 日将其送回地球。

40. 2004 年 3 月 2 日，欧洲航天局的"罗塞塔号"飞船发射升空。它于 2014 年 8 月 6 日抵达代号为 67P 的丘留莫夫 – 格拉西缅科彗星，并部署了菲莱（Philae）登陆器模块，实现了对彗星的首次软着陆。

41. 2004 年 7 月 1 日，美国国家航空航天局的"卡西尼号"宇宙飞船进入土星轨道，并携带了欧洲航天局的"惠更斯号"探测器。

42. 2005 年 6 月 14 日，欧洲航天局的"惠更斯号"探测器在土星最大的卫星土卫六着陆。

43. 2005 年 11 月 19 日，日本的"隼鸟号"飞船着陆小行星糸川，并于 2010 年 6 月 30 日带回了第一批该小行星样品。

44. 2006 年 11 月 27 日，欧洲航天局的"科罗"（COROT）太空探测器发射升空，成为首个专门用于搜索系外行星的太空探测器。

45. 2007 年 11 月 5 日，"嫦娥一号"成为中国首个绕月飞行的航天器。

46. 2008 年 11 月 14 日，印度的"月船 1 号"月球撞击探测器在靠近月球南极沙克尔顿环形山附近坠毁，它在那里发现了地下水冰的证据。

47. 2009 年 3 月 6 日，美国国家航空航天局"开普勒号"（Kepler）太空船发射升空，用于搜索系外行星。

48. 2010 年 6 月 13 日，日本的"隼鸟号"太空船成功实现了首次小行星样品返回。

49. 2011 年 3 月 18 日，美国国家航空航天局的"信使号"（MESSENGER）探测器成为首个绕行水星的宇宙飞船。

50. 2011 年 7 月 11 日，"亚特兰蒂斯号"（Atlantis）开始 STS-135 任务，这是航天飞机时代的谢幕之旅。

51. 2012 年 8 月 6 日，"好奇号"火星车成功着陆火星，并在接下来的 10 年里行驶了 15 英里。

52. 2013 年 12 月 14 日，中国的"嫦娥三号"月球探测器实现了自 1976 年苏联"月球 24 号"以来的首次月球软着陆。

53. 2014 年 11 月 12 日，欧洲航天局的"罗塞塔号"首次实现彗星软着陆。

54. 2015 年 3 月 6 日，美国国家航空航天局的"黎明号"宇宙飞船完成首次对最大的小行星——谷神星的环绕飞行，此前（2011 年 7 月 16 日）它曾绕行第四大小行星——维斯塔（Vesta）。

55. 2015 年 7 月 14 日，美国国家航空航天局的"新视野号"宇宙飞船首次飞越冥王星及其大型卫星卡戎（Charon）。

56. 2016 年 7 月 5 日，美国国家航空航天局的"朱诺号"探测器进入木星轨道。

57. 2017 年 10 月 19 日，发现奥陌陌（Oumuamua），这是太阳系中首个被确认来自太阳系外的天体，很显然这是来自另一个行星系中类似冥王星的大块固态氮天体。

58. 2018 年 5 月 21 日，中国将"鹊桥"送入月球轨道，目的是传输来自月球背面的数据，这一面从未面向过地球。

59. 2019 年 1 月 3 日，中国的"嫦娥四号"月球探测器成功着陆月球背面，并通过中继卫星"鹊桥"将信号传回地球。

60. 2020 年 12 月 16 日，中国的"嫦娥五号"月球探测器成功将月球样品带回地球。

61. 2021 年 2 月 9 日，阿拉伯联合酋长国的"阿马尔号"（Amal）宇宙飞船进入火星轨道。

62. 2021 年 2 月 10 日，中国的"天问一号"探测器进入火星轨道，并准备将一台探测车送往火星表面。

63. 2021 年 2 月 18 日，美国国家航空航天局的"毅力号"火星车成功着陆火星。

64. 2021 年 4 月 19 日，"机智号"火星直升机首次在另一个行星上空飞行。

65. 2021 年 12 月，美国国家航空航天局计划从法属圭亚那发射詹姆斯·韦布空间望远镜。

前　言

1. David Shayler and David Harland, The Hubble Space Telescope: From Concept to Success (New York: Springer Praxis Books, 2016) and Enhancing Hubble's Vision: Service Missions That Expanded Our View of the Universe (New York: Springer Praxis Books, 2016).

2. Walter McDougall, The Heavens and the Earth: A Political History of the Space Age (New York: Basic Books, 1985).

3. John Noble Wilford, "A Salute to Long Neglected 'Father of American Rocketry,'" New York Times, October 5, 1982.

4. 关于太空探索项目的优秀历史故事，请见 Roger Launius, Space Exploration: From the Ancient World to the Extraterrestrial Future (Washington, DC: Smithsonian Books, 2018)。

5. David Spergel Telephone Interview, December 25, 2021.

第 一 章

1. Megan Erickson, "Neil DeGrasse Tyson: Science Is in Our DNA," Big Think, May 2, 2012.

2. "Should Humans Establish Colonies on Mars?," discussion on Kialo, accessed August 15, 2021, https://www.kialo.com/colonizing-another-planet-is-in-line-with-the-human-spirit-of-exploration-2495.19?path=2495.0~2495.1_2495.19.

3. T. S. 艾略特之言出自 Evelyn Lamb, "What T. S. Eliot Told Me about the Chain Rule," Scientific American, March 21, 2014。

4. Derrick Pitts, "The Future of Space Exploration," Franklin Institute, July 17, 2019.

5. "Read, Watch President Trump's Full Republican Nomination Acceptance Speech," WQAD, August 27, 2020.

6. NASA's Journey to Mars: Pioneering Next Steps in Space Exploration, https://www.nasa.gov/sites/default/files/atoms/files/journey-to-mars-next-steps-20151008_508.pdf.

7. Kareem Shaheen, "First Mars Mission from UAE Aims to Inspire a New Generation of Space Scientists," National Geographic, July 20, 2020, https://www.nationalgeographic.com/science/article/uae-mars-mission-hope-aims-inspire-new-generation-space-scientists.

8. "NASA's Next Giant Leap," NASA, July 18, 2014, https://mars.nasa.gov/news/1670/nasas-next-giant-leap/.

9. "Why Mars?," Explore Mars, 2017, https://www.exploremars.org/wp-content/uploads/2017/05/EM-17-WHY-b-proof.pdf.

10. Clementine Poidatz, "My Personal Mission to (and for) Mars," Huffington Post, November 15, 2016.

11. John F. Kennedy speech at Rice University, September 12, 1962, https://er.jsc.nasa.gov/seh/ricetalk.htm.

12. James S. J. Schwartz, "Myth-Free Space Advocacy Part I–The Myth of Innate Exploratory and Migratory Urges," Acta Astronautica 137 (2017): 450–460.

13. Oliver Morton, The Moon: A History for the Future (New York: Public Affairs, 2019), 199.

14. NASA's discussion of "Why We Explore" and "Why Mars?" can be found at https://www.nasa.gov/exploration/whyweexplore/why_we_explore_main.html#.YN0nCBNKj4M.

15. David Shayler and David Harland, The Hubble Space Telescope: From Concept to Success (New York: Springer Praxis Books, 2016) and Enhancing Hubble's Vision: Service Missions That Expanded Our View of the Universe (New York: Springer Praxis Books, 2016).

16. Hearing before the Subcommittee on Transportation, Aviation, and Materials of the Committee on Science and Technology, US House of Representatives, Ninety-eighth Congress, Second Session, Part 2 (Washington, DC: U.S. Government Printing Office, 1984). From p. 340: "Mr. NELSON. Do you think there is some truth to the practicality of Washington politics, that 'no Buck Rogers, no bucks'?"

17. Wikipedia, "Budget of NASA".

18. Patrick Chase, "NASA, Space Exploration, and American Public Opinion," Medium, July 14, 2020.

19. National Research Council, Pathways to Exploration: Rationales and Approaches for a U.S. Program of Human Space Exploration (Washington,

DC: National Academies Press, 2014), 85.

20. National Research Council, Pathways to Exploration, 96.

21. Courtney Johnson, "How Americans See the Future of Space Exploration, 50 Years after the First Moon Landing," Pew Research, July 17, 2019.

22. National Research Council, Pathways to Exploration, 96.

23. National Research Council, Pathways to Exploration, 98.

24. National Research Council, Pathways to Exploration, 99.

25. National Research Council, Pathways to Exploration, 100.

26. National Research Council, Pathways to Exploration, 2.

27. National Research Council, Pathways to Exploration, 81.

第 二 章

1. "有了妻儿的人，可以说是给命运之神付了抵押品。因为家庭难免拖累事业，使人的许多抱负难以实现。"详见 Francis Bacon, "Of Marriage and the Single Life," first published in 1625。

2. Roger Launius, Space Exploration: From the Ancient World to the Extraterrestrial Future. (Washington, DC: Smithsonian Books, 2018).

3. 有价值的参考，请见 "What Is a Lagrange Point?," NASA, March 27, 2018, https://solarsystem.nasa.gov/resources/754/what-is-a -lagrange-point/。

4. 关于该引言的讨论，请见 https://quoteinvestigator.com/2013/10/20/no-predict/。

5. 日全食轨迹图，请见 "Total Solar Eclipse of 2027 Aug 02," NASA, last updated March 14, 2014, https://eclipse.gsfc.nasa.gov/SEgoogle/SEgoogle 2001/SE2027Aug02Tgoogle.html。

6. 物体的逃逸速度等于比值（2GM/R）的平方根，其中 G 是牛顿引力常量，M 和 R 是物体的质量和半径。由于物体质量的变化与其半径的立方乘以平均密度成正比，因此比值（M/R）与 R2 成正比，其平方根与 R 成正比。例如，火星的半径相当于地球的 53%，平均密度是地球的 71%，因此它的逃逸速度相当于地球的 45%：3.1 英里 / 秒，而非 6.95 英里 / 秒。

7. 此估算的依据是：总成本估值为 1500 亿美元，将其除以 20000 个可能的宇航员日。如果把总费用的一半用于设备，那么 1500 亿美元就可以支付 10000 个宇航员日，这样每个宇航员日的费用为 750 万美元。

8. Jason Daley, "Secrets of Stonehenge Found in Quarries 180 Miles Away," Smithsonian Magazine, February 25, 2019, https://www.smithsonianmag.com/smart-news/secrets-stonehenge-found-quarries-180-miles-away-180971562/.

9. Nick Woolf and Roger Angel, "Pantheon Habitat Made from Regolith, with a Focusing Solar Reflector," Philosophical Transactions of the Royal Society A: Mathematical, Physical, and Engineering Sciences, published online November 23, 2020, https://royalsocietypublishing.org/doi/10.1098/rsta.2020.0142.

第 三 章

1. 请见 "Your Guide to NASA's Budget," The Planetary Society, accessed August 15, 2021, https://www.planetary.org/space-policy/nasa-budget。

2. Claus Jensen, No Downlink: A Dramatic Narrative about the Challenger

Accident and Our Time (New York: Farrar, Straus, and Giroux, 1996).

3. "International Space Station," Wikipedia, accessed August 15, 2021. Updates are available at NASA's International Space Station website, https://www.nasa.gov/mission_pages/station/main/index.html.

4. "NASA Administrator Bill Nelson," NASA, May 3, 2021, https://www.nasa.gov/feature/nasa-administrator-bill-nelson/.

5. Becky Ferreira, "Chris Hadfield's Spirited Song in Space Was No 'Oddity,'" New York Times, November 2, 2020.

6. "Forty Years of Living in Outer Space," BBC, May 16, 2013.

7. "How SpaceX Lowered Costs and Reduced Barriers to Space," The Conversation.

8. Emilee Speck, "NASA Might Not Repeat Test of Moon Rocket to Preserve It for Launch Later This Year," https://www.clickorlando.com/news/local/2021/01/20/nasa-might-not-repeat-test-of-moon-rocket -to-preserve-it-for-launch-later-this-year/.

9. Francis Slakey and Paul D. Spudis, "Robots vs. Humans: Who Should Explore Space?," Scientific American, February 1, 2008, https://www.scientificamerican.com/article/robots-vs-humans-who-should-explore/.

10. Haylie Kasap, "Exotic Glass Fibers from Space: The Race to Manufacture ZBLAN," ISS National Laboratory, December 11, 2018, https://www.issnationallab.org/iss360/exotic-glass-fibers-from-space-the-race-to-manufacture-zblan/.

11. James Oberg, "Surviving the Isolation of Space," NBC News, August 22, 2003.

12. Mike Massimino, Spaceman: An Astronaut's Unlikely Journey to Unlock the Secrets of the Universe (New York: Three Rivers Press, 2016), 176–177.

13. 关于宇宙辐射危害的详尽讨论，请见 "Space Radiation," NASA Human Research Program Engagement and Communications, accessed August 15, 2021, https://www.nasa.gov/sites/default/files/atoms/files/space_radiation_ebook.pdf。关于数据显示的其他死因在非俄罗斯宇航员中，38% 的死亡是由事故造成的；而对俄罗斯宇航员而言，该比率仅为 17%。

14. Adam Mann, "Starlink: SpaceX's Satellite Internet Project," Space.com, May 28, 2021, https://www.space.com/spacex-starlink-satellites.html.

15. Christian Davenport, "Thousands More Satellites Could Soon Be Launched into Space. Can the Federal Government Keep Up?," Washington Post, July 23, 2020.

16. Louis de Gouyon Matignon, "The Kessler Syndrome," Space Legal Issues, March 27, 2019.

17. L. Lebreton et al., "Evidence That the Great Pacific Garbage Patch is Rapidly Accumulating Plastic," Nature Scientific Reports 8, no. 4666 (2018).

第 四 章

1. 关于月球轨道飞行器的历史，请见 "The Lunar Orbiter Program," Lunar and Planetary Institute, accessed August 15, 2021, https://www.lpi.usra .edu/lunar/missions/orbiter/。

2. 关于月球着陆器的历史，请见 "Every Mission to the Moon, Ever," The Planetary Society, accessed August 15, 2021, https://www.planetary.org/space-missions/every-moon-mission。

3. A. G. Brown, J. Holland, and A. Peckett, "Orange Soil from the Moon," Nature 242 (1973): 515–516, https://doi.org/10.1038/242515a0.

4. 关于月球水的全面报告和讨论，请见 "NASA Rover to Search for Water, Other Resources on Moon," NASA, May 20, 2021, https://www.nasa.gov/feature/nasa-rover-to-search-for-water-other-resources-on-moon。

5. 美国国家航空航天局关于 VIPER 的网站 https://www.nasa.gov/viper。

6. Martin Elvis, Tony Milligan, and Alanna Krolikowski, "The Peaks of Eternal Light: a Near-Term Property Issue on the Moon," accessed August 15, 2021.

7. Saptarshi Bandyopadhyay, "Lunar Crater Radio Telescope (LCRT) on the Far-Side of the Moon," NASA, April 7, 2020, https://www.nasa.gov/directorates/spacetech/niac/2020_Phase_I_Phase_II/lunar_crater_radio_telescope/.

8. "The World's Largest Radio Telescope Should Open its Skies to All," Nature 590 (2021): 527, https://doi.org/10.1038/d41586-021-00468-3.

9. "Heliums-3 Mining on the Lunar Surface," European Space Agency, accessed August 15, 2021, https://www.esa.int/Enabling_Support/Preparing_for_the_Future/Space_for_Earth/Energy/Helium-3 _mining_on_the_lunar_surface.

10. Frank Close, "Fears over Factoids," Physics World, August 2007, 16–17.

11. 关于该奖项的信息，请见 https://www.aaai.org/Awards/squirrel-ai-award-call.php。

12. Ian Crawford, "Dispelling the Myth of Robotic Efficiency," Astronomy and Geophysics 53, no. 2 (2012): 2.22–2.26.

13. Andrew Jones, "China, Russia Reveal Roadmap for International Moon Base," SpaceNews, June 16, 2021, https://spacenews.com/china-russia-reveal-roadmap-for-international-moon-base/.

14. 对"阿尔忒弥斯计划"、太空发射系统、"猎户座"宇宙飞船和月球门户空间站的有价值总结，请见 "Artemis, NASA's Moon Landing Program," The Planetary Society, accessed August 15, 2021, https://www.planetary.org/space-missions/artemis。

15. "NASA's Plan for Sustained Lunar Exploration and Development," NASA, April 2020, https://www.nasa.gov/sites/default/files/atoms/files /a_sustained_lunar_presence_nspc_report4220final.pdf.

16. Karen Shahar and Dov Greenbaum, "Lessons in Space Regulations from the Lunar Tardigrades of the Beresheet Hard Landing," Nature Astronomy 4 (February 13, 2020): 208–209.

17. Carl Sagan, Elliott C. Levinthal, and Joshua Lederberg, "Contamination of Mars," Science 159 (March 15, 1968): 1191–1196.

第 五 章

1. Karen Lee, "People Used to Believe Aliens Built Canals on Mars. Here's Why You Should Care," Fishwrap (blog), December 18, 2018, https://blog.newspapers.com/mars-canals/.

2. Camille Flammarion, La Planète Mars et ses conditions d'habitabilité (Paris: Gauthier-Villars et Fils, 1892). Available in English as Camille Flammarion's The Planet Mars, as Translated by Patrick Moore (New York: Springer, 2014).

3. William Graves Hoyt, Lowell and Mars (Tucson: University of Arizona Press, 1976).

4. 关于伯勒斯对卡尔·萨根的影响，请见 "Sagan's Youth and the Progressive

Promise of Space," Library of Congress, accessed August 15, 2021, https://www.loc.gov/collections/finding-our-place-in-the-cosmos-with-carl-sagan/articles-and-essays/carl-sagan-and-the-tradition-of-science/sagans-youth-and-the-progressive-promise-of-space。

5. 约翰·麦克菲的类比出自他的著作 Basin and Range (New York: Farrar, Straus & Giroux, 1982) 并被引用在 Helen Thompson, "What Does 'Deep Time' Mean to You?," Smithsonian Magazine, September 9, 2014, https://www.smithsonianmag.com/science-nature/what-does-deep-time-mean-to-you-180952603/。

6. 哈里·麦克斯温之言出自 "As Perseverance Approaches Mars, Scientists Debate Its Sampling Strategy," All-News, February 16, 2021。

7. "Mars Sample Return," European Space Agency, accessed August 15, 2021, https://www.esa.int/Science_Exploration/Human_and_Robotic_Exploration/Exploration/Mars_sample_return.

8. Jeffrey Hoffman, telephone interview, December 21, 2020.

9. Steve Swanson, "Are Astronauts Worth Tens of Billions of Dollars in Extra Costs to Go to Mars?," Associated Press, April 9, 2019, https://apnews.com/article/b76ff7b68cfb0c93919a62b3c7507912.

10. Steven Squyres, Roving Mars: Spirit, Opportunity, and the Exploration of the Red Planet (New York: Hyperion, 2005).

11. Chris McKay, email, April 17, 2021.

12. 关于杜兰特的观点，详见 European Space Agency, "The Radiation Showstopper for Mars Exploration," June 3, 2019, https://phys.org/news/2019-06- showstopper-mars-exploration.html。

13. Meghan Bartels, "Astronauts Going to Mars Will Absorb Crazy Amounts of

Radiation. Now We Know How Much," Space.com, September 20, 2018.

14. Francis Cucinotta et al., "How Safe Is Safe Enough? Radiation Risk for a Human Mission to Mars," PLOS One, October 16, 2013.

15. G. W. Wieger et al., "Can Plants Grow on Mars and the Moon: A Growth Experiment on Mars and Moon Soil Simulants," PLOS One, August 27, 2014. 另见 Roberto Molar Candanosa, "Growing Green on the Red Planet," Chemmatters, April–May 2017, https://www.acs.org/content/acs/en/education/resources/highschool/chemmatters/past-issues/2016-2017/april-2017/growing-green-on-the-red-planet.html。

16. 关于劳拉·法克雷尔的总结，请见 Maria Temming, "Farming on Mars Will Be a Lot Harder than 'The Martian' Made It Seem," Washington Post, November 28, 2020。

17. Ben Lindbergh, "Please Sterilize Your Spacecraft," The Ringer, July 30, 2020. 关于宇宙飞船消毒问题的描述，请见 https://www.theringer.com/2020/7/30/21347842/mars-2020-rover-launch-contamination-covid。

18. 关于欧洲航天局的 JUICE 任务描述，请见 https://sci.esa.int/web/juice。

19. 关于火星环境地球化的讨论，请见 Jatan Mehta, "Can We Make Mars Earth-Like Through Terraforming?," The Planetary Society, April 19, 2021, https://www.planetary.org/articles/can-we-make-mars-earth-like-through-terraforming。

20. Carl Zimmer, "The Lost History of One of the World's Strangest Science Experiments," New York Times, (March 29, 2019).

21. John Grunsfeld, telephone interview, December 24, 2020.

22. Elton John and Bernie Taupin, "Rocket Man," Honky Château (Uni, 1972).

第 六 章

1. Ron Miller, Asteroids, Comets and Meteors, Worlds Beyond (New York: 21st Century, 2004).

2. 关于"隼鸟号"航天器送入小行星糸川的运行轨道，请见 Andrew Griffin, "Hayabusa 2: Japanese Spacecraft Returns to Earth Carrying Pieces of Distant Asteroid," The Independent, December 6, 2020。

3. 关于该任务的描述，请见 https://solarsystem.nasa.gov/missions/osiris-rex/in-depth/。

4. 关于需要近地元素的产品清单，请见 Hobart M. King, "REE—Rare Earth Elements and Their Uses," Geology.com, accessed August 15, 2021, https://geology.com/articles/rare-earth-elements/。

5. 关于蒂明斯矿体与基德克里克矿（Kidd Creek Mine）相关联，请见 "Kidd Creek Mine," American Museum of Natural History, accessed August 15, 2021, https://www.amnh.org/exhibitions/permanent/planet-earth/why-is-the-earth-habitable/where-do-the-earth-s-riches-come-from/kidd-creek-mine。

6. 彼得·戴曼迪斯之言出自 Daniel Honan, "The First Trillionaires Will Make Their Fortunes in Space," Big Think, May 2, 2011, https://bigthink .com/think-tank/the-first-trillionaires-will-make-their-fortunes-in-space。

7. Katie Kramer, "Neil deGrasse Tyson Says Space Ventures Will Spawn First Trillionaire," NBC News, May 3, 2015, https://www.nbcnews.com/science/space/neil-degrasse-tyson-says-space-ventures-will-spawn-first-trillionaire-n352271.

8. 特德・克鲁兹之言出自 Vishal Thakur, "Will Asteroid Mining Mint the First Trillionaire?," Science ABC, last updated August 6, 2021, https://www.scienceabc.com/nature/universe/will-asteroid-mining-mint-the-first-trillionaire.html。

9. 小行星重定向任务的历史请见 "Asteroid Redirect Robotic Mission: ARRM," Jet Propulsion Laboratory, accessed August 15, 2021, https://www.jpl.nasa.gov/missions/asteroid-redirect-robotic-mission-arrm。

10. "Deep Space Industries," Wikipedia, accessed August 15, 2021.

11. Alan Boyle, "After Buying Planetary Resources, ConsenSys Sets Its Space Ideas Free—but Will Sell Off the Hardware," GeekWire, May 1, 2020, https://www.geekwire.com/2020/buying-planetary-resources-consensys-gives-away-science-asteroids-will-sell-rest/.

12. Sonnie Bailey, "'The Dinosaurs Became Extinct Because They Didn't Have a Space Program': Redundancy Is an Important Risk Management Strategy," NZ Wealth and Risk, August 28, 2015, https://wealthandrisk.nz/redundancy/.

第 七 章

1. An Early Reference to Gerard O'Neill's Concept can be Found at "In His Own Words: Gerard O'Neill," U.S. 1 Princeton Info, April 14, 2021. 他的基本计划详见于 Gerard O'Neill, The High Frontier: Human Colonies in Space (New York: William Morrow, 1976)。

2. 关于 1988 年美国国家航空航天局授权法案（H.R. 4218，第一百届国会第二次会议）的语言，请见 https://space.nss.org/wp-content/uploads/Space-Settlement-Act-Of-1988.pdf, Section 3(a)(2)(d)。

3.　Michael Sainato, "Stephen Hawking, Elon Musk and Jeff Bezos Think the Earth Is Doomed," *Observer*, June 30, 2017, https://observer.com/2017/06/colonizing-mars-elon-musk-stephen-hawking-jeff-bezos/.

4.　Corey S. Powell, "Jeff Bezos Foresees a Trillion People Living in Millions of Space Colonies. Here's What He's Doing to Get the Ball Rolling," NBC News, May 15, 2019; Shawn Langlois, "Elon Musk Says Jeff Bezos's Plan to Colonize Space 'Makes No Sense,'" MarketWatch, May 23, 2019, https://www.marketwatch.com/story/elon-musk-jeff-bezos-space-colony-plan-makes-no-sense-2019-05-23; Sainato, "Stephen Hawking."

5.　Nicky Woolf, "SpaceX Founder Elon Musk Plans to Get Humans to Mars in Six Years," *The Guardian*, September 27, 2016.

6.　Daniel Deudney, *Dark Skies: Space Expansionism, Planetary Geopolitics, and the Ends of Humanity* (Oxford, UK: Oxford University Press, 2020), 210–211.

7.　John Lewis, *Mining the Sky: Untold Riches from the Asteroids, Comets, and Planets* (Reading, MA: Helix Books, 1996), 256.

第 八 章

1.　行星协会（Planetary Society）关于"机遇号"和"勇气号"的成本报告，请见 "Cost of the Mars Exploration Rovers," accessed August 15, 2021, https://www.planetary.org/space-policy/cost-of-the-mars-exploration-rovers。关于"毅力号"的成本，请见 Niall McCarthy, "Chart: This Is How Much Each of NASA's Mars Missions Have Cost," World Economic Forum, February 26, 2021, https://www.weforum.org/agenda/2021/02/mars-nasaspace-exploration-cost-perseverance-viking-curiosity/。

2. "火星 1 号"组织在官网上公布其预算。

3. O. Glenn Smith and Paul D. Spudis, "Mars for Only \$1.5 Trillion," Space News, March 8, 2015, https://spacenews.com/op-ed-mars-for-only-1-5-trillion.

4. Philip Bump, "NASA's Piece of the Budget Has Declined by Half Since the Pluto Mission Was Broached," Washington Post, July 14, 2015.

5. "Department of Defense Releases 2021 Military Intelligence Program Budget Request," press release, February 11, 2020, https://www.defense.gov/Newsroom/Releases/Release/Article/2080605/department-of-defense-releases-2021-military-intelligence-program-budget-request/.

6. 对"阿尔忒弥斯计划"、太空发射系统、猎户座宇宙飞船和月球门户空间站的有价值总结,请见 "Artemis, NASA's Moon Landing Program," The Planetary Society, accessed August 15, 2021, https://www.planetary.org/space-missions/artemis. 更多信息详见 "Artemis Program," Wikipedia, accessed August 15, 2021。

7. 关于航天飞机的每磅成本,请见 "Criticism of the Space Shuttle Program," Wikipedia, accessed August 15, 2021。

8. Martin Childs, "Qian Xuesen: Scientist and Pioneer of China's Missile and Space Programmes," The Independent, November 13, 2009.

9. 关于中国的航天预算,请见 Anthony Imperato, Peter Garretson, and Richard Harrison, "To Compete with China in Space, America Must Ramp Up Funding," The National Interest, June 1, 2021。

10. "How Much Does It Cost?," European Space Agency, accessed August 15, 2021.

11. "Exploring Together—ESA Space Exploration Strategy," European Space

Agency, September 10, 2016, http://youbenefit.spaceflight.esa.int/esa-space-exploration-strategy/.

12. "No. 6-2020: ExoMars to Take Off for the Red Planet in 2022," European Space Agency, March 12, 2020.

13. Monica M. Grady, "Exploring Mars with Returned Samples," Space Science Reviews 216, art. 51 (2020).

14. "Luna," European Space Agency, accessed August 15, 2021, https://www.esa.int/Science_Exploration/Human_and_Robotic_Exploration/Exploration/Luna.

15. Andrew Jones, "Russian Space Chief Discusses NASA's Artemis Moon Landing Plans," Space.com, November 4, 2020, https://www.space.com/russia-space-agency-chief-criticizes-nasa-moon-plans.

16. Dave Dooling, "Chandrayaan: Indian Lunar Space Probe Series," Encylopaedia Britannica, last updated September 12, 2019, https://www.britannica.com/technology/Chandrayaan.

17. Park Si-soo, "Japan Budgets a Record $4.14 Billion for Space Activities," SpaceNews, March 9, 2021, https://spacenews.com/japan-budgets-a-record-4-14-billion-for-space-activities/.

第 九 章

1. Glenn Reynolds and Robert Merger, Outer Space: Problems of Law and Policy, 2nd ed. (New York: Westview Press, 1997).

2. 关于对国际海底管理局的描述，请见 https://www.isa.org.jm/。

3. 1959 年《南极条约》请见 https://2009-2017.state.gov/t/avc/trty/193967.htm。

4. "Committee on the Peaceful Uses of Outer Space," United Nations Office for Outer Space Affairs, 2021, https://www.unoosa.org/oosa/en/ourwork/copuos/index.html.

5. 《外层空间条约》请见 https://www.unoosa.org/oosa/en/ourwork/spacelaw/treaties/introouterspacetreaty.html。

6. 《月球条约》请见 https://www.unoosa.org/oosa/en/ourwork/spacelaw/treaties/moon-agreement.html。

7. Art Dula, "Free Enterprise and the Proposed Moon Treaty," Houston Journal of International Law 2, no.3 (1979): 3–33.

8. 《太空法案》请见 https://www.congress.gov/bill/114th-congress/house-bill/2262/text。

9. 三项太空政策指令为：

    SPD-1, https://www.nasa.gov/press-release/new-space-policy-directive-calls-for-human-expansion-across-solar-system.

    SPD-2, https://spacepolicyonline.com/news/text-of-president-trumps-space-policy-directive-2-may-24-2018/.

    SPD-3, https://trumpwhitehouse.archives.gov/presidential-actions/space-policy-directive-3-national-space-traffic-management -policy/。

10. Executive Order No. 13914, https://www.federalregister.gov/documents/2020/04/10/2020-07800/encouraging-international-support-for-the-recovery-and-use-of-space-resources.

11. 《阿尔忒弥斯协定》请见 https://www.nasa.gov/specials/artemis-accords/img/Artemis-Accords-signed-13Oct2020.pdf。

12. "Keynote: NASA Administrator Jim Bridenstine," 2nd Summit for Space Sustainability, September 9–11, 2020, https://swfound.org/media/207210/bridenstine-keynote.pdf.

13. Aaron Boley and Michael Byers, "U.S. Policy Puts the Safe Development of Space at Risk," Science 370 (October 9, 2020): 174–175.

14. T. S. Eliot, "Little Gidding".

后　记

1. Mitch Daniels, "The U.S. Put a Man on the Moon. But It Might be Harder to Do the Same on Mars," Washington Post, February 25, 2021.

2. Pathways to Exploration: Rationales and Approaches for a U.S. Program of Human Space Exploration (Washington, DC: National Academy of Sciences, 2014), 10–11.

3. H. G. Wells, "The Discovery of the Future," Philosophical Lecture Presented to the Royal Institution, January 24, 1902.

鸣　　谢

在撰写本书的过程中，我们非常幸运地得到了许多人的帮助，其中包括查尔斯·比奇曼（Charles Beichman）、康斯坦丁·巴特金（Konstantin Batygin）、弗朗斯·科尔多瓦（France Córdova）、米奇·丹尼尔斯、凯西·德赖尔（Casey Dreier）、保罗·戈德史密斯（Paul Goldsmith）、约翰·格伦斯菲尔德、杰弗里·霍夫曼、乔恩·洛格斯登（Jon Logsdon）、乔纳森·鲁宁、安德鲁·麦克道尔（Andrew McDowell）、克里斯·麦凯、德克·舒尔策–马科奇（Dirk Schulze-Makoch）、大卫·斯珀格尔、尼尔·泰森和约瑟夫·维斯诺夫斯基（Joseph Wisnovsky）。感谢哈佛大学出版社（Harvard University Press）的编辑贾尼丝·奥代特（Janice Audet）、编辑助理艾默莱奥德·杰森–罗伯茨（Emeralde Jensen-Roberts），韦斯特切斯特出版社（Westchester Publishing Services）的编辑梅洛迪·内格罗（Melody Negro），以及我们的经纪人迈克尔·卡莱尔（Michael Carlisle），是他们的努力使本书得以和大家见面。